深入理解InfluxDB

时序数据库详解与实践

郑强　张伟　刘爽 / 著

清华大学出版社
北京

内 容 简 介

时序数据库是一种新型技术，主要用于工业互联网软件建设中。近年来，伴随着物联网技术在智能制造、交通、能源、智慧城市等领域的发展，时序数据库也发展迅速，成为搭建应用的必备数据库之一。本书从 InfluxDB 的安装开始，一步步详细介绍 InfluxDB 的功能及原理，带领读者深入理解以 InfluxDB 为代表的时序数据库。

本书适合时序数据库工程师、物联网采集工程师、运维工程师阅读，也可供数据库爱好者、监控技术爱好者、工业互联网平台爱好者参考学习，还适合作为高校相关专业教材。

本书封面贴有清华大学出版社防伪标签，无标签者不得销售。
版权所有，侵权必究。举报: 010-62782989, beiqinquan@tup.tsinghua.edu.cn。

图书在版编目（CIP）数据

深入理解 InfluxDB: 时序数据库详解与实践 / 郑强，张伟，刘爽著. —北京: 清华大学出版社，2023.4
ISBN 978-7-302-63001-2

Ⅰ.①深… Ⅱ.①郑… ②张… ③刘… Ⅲ.①时序控制—数据库 Ⅳ.① TP273 ② TP311.135.9

中国国家版本馆 CIP 数据核字 (2023) 第 040064 号

责任编辑: 杜　杨
封面设计: 郭　鹏
版式设计: 方加青
责任校对: 胡伟民
责任印制: 杨　艳

出版发行: 清华大学出版社
网　　址: http://www.tup.com.cn, http://www.wqbook.com
地　　址: 北京清华大学学研大厦A座　　　邮　编: 100084
社 总 机: 010-83470000　　　邮　购: 010-62786544
投稿与读者服务: 010-62776969, c-service@tup.tsinghua.edu.cn
质 量 反 馈: 010-62772015, zhiliang@tup.tsinghua.edu.cn

印 装 者: 天津鑫丰华印务有限公司
经　　销: 全国新华书店
开　　本: 185mm×260mm　　印　张: 15.25　　字　数: 355千字
版　　次: 2023 年 4 月第 1 版　　印　次: 2023 年 4 月第 1 次印刷
定　　价: 65.00元

产品编号: 094752-01

前言

据 IDC 预测，全球数据将从 2018 年的 33ZB（泽字节）增长到 2025 年的 175ZB，年均复合增长率为 23%。到 2025 年，全球联网设备会有 1500 亿台，其中大多数设备将产生实时数据。届时，实时数据将超过其他类型的数据，成为全球第一大数据。

智能制造 2025、工业互联网、工业 4.0 等政策推动了时序数据库的发展，全球对工业品的需求逐年上升。中国作为工业大国，2020 年开始大力发展新基建，时序数据库作为智能制造的基础软件，其发展也同步受到关注。

和操作系统一样，数据库属于基础软件，更新迭代慢，一旦使用，可以在生产环境运行十几年，替换成本高，且企业替换意愿不强。企业初期选择数据库会非常慎重，使用后无论是管理层、执行层，还是技术人员都很难主动提出替换建议。

替换成本高、周期长、风险高造成了企业只相信头部数据库产品。毫无疑问，目前使用最多、技术生态最完善的时序数据库之一就是 InfluxDB。InfluxDB 是一个开源的、高性能的时序数据库，在时序数据库榜单 DB-Engines Ranking 上排名第一。正因为如此，熟练掌握 InfluxDB 已成为相关开发者非常重要的一项技能。本书将带领大家从 InfluxDB 的基础开始，一步一步理解 InfluxDB，相信这些内容会对大家有帮助。

如何阅读本书

本书既是教程，又是参考指南，同时也适合作为高校相关专业教材。如果读者刚刚接触时序数据库开发，按照本书的章节顺序学习定会有所收获。

本书共 14 章，每章的内容简单介绍如下：

第 1 章主要介绍了什么是时序数据、InfluxDB 是什么，以及 InfluxDB 的发展历史。
第 2 章主要介绍了 InfluxDB 的安装及配置。
第 3 章主要介绍了 InfluxDB 的可视化 UI 工具。
第 4 章主要介绍了 InfluxDB 的基本写入、查询操作。
第 5 章主要介绍了 InfluxDB 的常用函数和运算。
第 6 章主要介绍了 InfluxDB 的连续查询。
第 7 章主要介绍了 InfluxDB 的数据保留策略。
第 8 章主要介绍了 InfluxDB 的数据安全策略。
第 9 章主要介绍了 InfluxDB 的性能评估。
第 10 章主要介绍了 InfluxDB 集群相关内容。
第 11 章主要介绍了 InfluxDB 的数据备份与恢复。

第 12 章主要介绍了 InfluxDB 与程序设计。

第 13 章主要介绍了 InfluxDB 数据处理语言 FLux。

第 14 章主要介绍了 InfluxDB 存储引擎知识。

读者对象

在本书的编写过程中，尽可能做到通俗易懂、由浅入深，不仅适用于初学者学习，也适用于专业人员学习。

本书可作为高校相关专业教材，也适合软件工程师、软件架构师、数据库工程师等从业人员阅读。

读者交流与图书反馈

本书的读者还可以访问 InfluxDB 专栏补充学习。该专栏搭建了一个供开发者交流学习的在线平台，阅读过程中如有疑问，也可以在网站上向作者提问，期待能够得到你们的真挚反馈。

由于作者水平有限，编写时间仓促，书中难免会出现一些错误或表达不准确的地方，恳请读者批评指正。我们也会将书中的勘误发布在专栏中，供大家参考。

学习专栏

编写说明

本书编写团队由业界一线研发人员组成，其中郑强负责全书的框架搭建及第 1 ～ 9 章的撰写，字数约 28 万字；张伟负责第 10 ～ 13 章的撰写，字数约 6 万字；刘爽负责第 14 章的撰写，字数约 2 万字。

致谢

感谢清华大学出版社的编辑，因为你们的帮助，这本书才得以问世。最后要感谢的就是你，我亲爱的读者，感谢你拿起这本书，你的认可是我们最大的快乐。

作者

作者简介

郑强

计算机软件与理论专业，硕士。长期从事 CISDigital-TimeS 实时数据库、IoT 数据库、工业互联网平台、大数据系统研发。CISDigital-TimeS 实时数据库负责人、国家科技部工业网络化协同生产智能管控平台开发及应用项目课题四任务二负责人、国家课题工业互联网标识解析二级节点（冶金行业）技术组成员、工信部项目基于新一代信息技术的工业实时数据库合作单位负责人、IoTDB 开源数据库成员。作为架构师参与了多个冶金行业亿级软件项目的架构工作，热爱技术，乐于交流。

张伟

计算机软件与理论专业，硕士，副教授。长期从事物联网、数据管理与数据治理、工业互联网平台等领域的技术研究与应用工作。国家重点研发计划钢铁工业网络化协同生产智能管控平台开发及应用技术负责人、国家重点研发计划新一代现场级工业物联网融合组网与配置前沿技术研究技术负责人、国家课题工业互联网标识解析二级节点（冶金行业）技术负责人、重庆市重点项目面向钢铁行业的工业互联网平台研发及应用技术负责人。获授权发明专利 6 项、软件著作权 10 项，发表论文 6 篇，参编标准 1 部。

刘爽

计算机科学与技术专业，学士，工程师。长期从事产品开发、软件架构、数据库开发等工作，参与公司多个大型智能制造工程项目技术架构及系统运维工作。

目录

第 1 章　时序数据库 InfluxDB 简介

1.1 数据简史 ··· 2
   1.1.1　什么是时序数据 ··· 3
   1.1.2　时序数据库的历史 ··· 3
1.2 InfluxDB 简介 ·· 4
   1.2.1　什么是 InfluxDB ·· 4
   1.2.2　InfluxDB 的历史 ·· 5
   1.2.3　InfluxDB 现状及未来 ··· 6
1.3 InfluxDB 的基本概念 ··· 7
1.4 InfluxDB 的设计理念 ··· 7
1.5 InfluxDB 的核心特性 ··· 8
   1.5.1　内置 REST 接口 ··· 8
   1.5.2　数据 Tag 标记 ·· 8
   1.5.3　类 SQL 的查询语句 ··· 9
   1.5.4　高性能 ·· 9
   1.5.5　开源 ·· 10
1.6 时序数据库的应用场景 ·· 10
   1.6.1　在工业环境监控中的应用 ·· 10
   1.6.2　在物联网 IoT 设备采集存储中的应用 ·· 11
   1.6.3　互联网业务性能监控服务 ·· 11
   1.6.4　在智能汽车中的应用 ··· 12
1.7 小结 ·· 12

第 2 章　InfluxDB 的安装、配置、启动

2.1 在不同操作系统上安装 InfluxDB ··· 14
   2.1.1　硬件要求 ··· 14
   2.1.2　在 Ubuntu 和 Debian 系统中安装 InfluxDB ······························· 15
   2.1.3　在 RedHat 和 CentOS 系统中安装 InfluxDB ······························ 20

2.1.4　在 Windows 系统中安装 InfluxDB 21
2.1.5　在 macOS 系统中安装 InfluxDB 22
2.1.6　使用 Docker 安装 InfluxDB 24
2.1.7　InfluxDB 的端口设置 25
2.1.8　InfluxDB 程序的使用 25
2.1.9　InfluxDB 的配置详解 31
2.2　小结 37

第 3 章　InfluxDB UI 数据可视化

3.1　InfluxDB UI 39
　　3.1.1　安装配置 39
　　3.1.2　常用功能介绍 41
3.2　Chronograf 47
　　3.2.1　安装配置 48
　　3.2.2　常用功能介绍 50
3.3　小结 57

第 4 章　InfluxDB 基本操作写入与查询

4.1　客户端命令行方式 59
　　4.1.1　简介 59
　　4.1.2　使用 InfluxDB 59
　　4.1.3　Influx 基本命令 61
4.2　数据样本 62
　　4.2.1　空气传感器样本数据 63
　　4.2.2　鸟类迁徙样本数据 64
　　4.2.3　NOAA 样本数据 64
　　4.2.4　美国地质勘探局地震数据 64
4.3　行协议 65
　　4.3.1　行协议案例 65
　　4.3.2　行协议语法 66
　　4.3.3　行协议要素分析 66
　　4.3.4　数据类型 67
　　4.3.5　引号 68
　　4.3.6　特殊字符 68
　　4.3.7　注释 69
　　4.3.8　重复数据 69
4.4　桶操作 70

4.5	写入操作	71
	4.5.1 写入数据	71
	4.5.2 文件数据导入	72
4.6	查询操作	73
	4.6.1 select 语句	74
	4.6.2 类型转换	77
	4.6.3 where 子句	78
	4.6.4 函数	80
	4.6.5 group by 子句	82
	4.6.6 into 子句	85
	4.6.7 排序	86
	4.6.8 limit 和 slimit 子句	86
	4.6.9 offset 和 soffset 子句	86
	4.6.10 Time Zone 子句	87
	4.6.11 时间语法	87
4.7	小结	88

第 5 章 InfluxDB 的函数与运算

5.1	样本数据导入	90
5.2	InfluxDB 函数	91
	5.2.1 函数说明	91
	5.2.2 聚合类函数	92
	5.2.3 选择类函数	94
	5.2.4 转换类函数	95
	5.2.5 预测类函数	98
5.3	数学运算	99
	5.3.1 常用运算符	99
	5.3.2 数学运算符的常见问题	101
5.4	小结	102

第 6 章 InfluxDB 连续查询

6.1	连续查询	104
6.2	样本数据导入	104
6.3	创建连续查询	106
	6.3.1 <cq_query> 语句	106
	6.3.2 连续查询运行时刻及查询的时间范围	107
	6.3.3 连续查询举例	107

6.4 复杂连续查询 ·· 109
　　6.4.1 创建高级连续查询 ··· 109
　　6.4.2 高级连续查询的时间设置 ··· 109
　　6.4.3 GROUP BY time()、EVERY、FOR 三者关系 ··················· 111
　　6.4.4 高级连续查询举例 ··· 112
6.5 连续查询的管理 ·· 113
　　6.5.1 查询所有连续查询 ··· 113
　　6.5.2 删除连续查询 ·· 114
　　6.5.3 修改连续查询 ·· 114
6.6 连续查询案例分析 ··· 114
　　6.6.1 数据预处理 ··· 115
　　6.6.2 降低数据采样率 ··· 115
　　6.6.3 HAVING 功能 ·· 116
　　6.6.4 替换嵌套函数 ·· 116
6.7 小结 ·· 117

第 7 章　InfluxDB 数据保留策略

7.1 保留策略 ·· 119
7.2 创建保留策略 ··· 119
　　7.2.1 使用 CREATE RETENTION POLICY 创建保留策略 ········· 119
　　7.2.2 创建保留策略举例 ··· 121
7.3 查询保留策略 ··· 121
7.4 修改保留策略 ··· 122
7.5 删除保留策略 ··· 123
7.6 综合实例 ·· 123
　　7.6.1 样本数据 ··· 123
　　7.6.2 实验目标 ··· 124
　　7.6.3 实验过程 ··· 124
　　7.6.4 结论 ··· 126
7.7 小结 ·· 126

第 8 章　InfluxDB 数据安全策略

8.1 认证技术 ·· 128
　　8.1.1 简介 ··· 128
　　8.1.2 认证方式 ··· 128
　　8.1.3 Token 认证 ·· 128
　　8.1.4 1.x 版本兼容授权认证 ··· 131

8.1.5　授权使用 137
8.2　权限类型 142
8.3　用户管理 143
8.4　权限控制实战 146
　　　8.4.1　创建与授权 146
　　　8.4.2　测试效果 147
8.5　小结 149

第 9 章　InfluxDB 性能评估

9.1　性能测试工具 151
　　　9.1.1　安装 Go 语言运行环境 151
　　　9.1.2　测试工具安装 153
9.2　基准性能测试 154
　　　9.2.1　测试环境 154
　　　9.2.2　写入性能测试 154
9.3　性能优化 157
　　　9.3.1　数据写入优化方案 157
　　　9.3.2　数据查询优化方案 157
9.4　性能报警 159
　　　9.4.1　创建检查 159
　　　9.4.2　添加通知端点 162
　　　9.4.3　创建通知规则 163
9.5　小结 164

第 10 章　InfluxDB 集群

10.1　集群简介 166
　　　10.1.1　集群架构概述 166
　　　10.1.2　数据所在的地方 166
　　　10.1.3　节点数量 167
10.2　集群安装配置 167
　　　10.2.1　申请试用 167
　　　10.2.2　环境准备 169
　　　10.2.3　添加 DNS 条目 170
　　　10.2.4　Meta 节点的安装配置 171
　　　10.2.5　Data 节点的安装配置 173
10.3　小结 176

第 11 章 备份管理

- 11.1 单机版备份管理 178
  - 11.1.1 备份数据 178
  - 11.1.2 恢复数据 179
- 11.2 集群版备份管理 180
  - 11.2.1 备份数据 181
  - 11.2.2 恢复数据 182
  - 11.2.3 导出数据 184
  - 11.2.4 导入数据 185
- 11.3 小结 185

第 12 章 InfluxDB 与程序设计

- 12.1 Java SDK 使用 187
  - 12.1.1 使用 Java 在 InfluxDB 中写入数据 188
  - 12.1.2 WriteApiBlocking 192
  - 12.1.3 使用 Java 查询 InfluxDB 中的数据 193
  - 12.1.4 queryApi 195
  - 12.1.5 使用 Java 为 bucket 添加权限 196
  - 12.1.6 连接 InfluxDB 的另一种方式——用户名和密码 198
- 12.2 Python SDK 使用 200
  - 12.2.1 使用 Python 在 InfluxDB 中写入数据 201
  - 12.2.2 使用 Python 查询 InfluxDB 中的数据 202
- 12.3 小结 203

第 13 章 InfluxDB 数据处理语言 Flux

- 13.1 Flux 概述 205
- 13.2 基本数据类型 205
  - 13.2.1 Boolean（布尔值）...... 206
  - 13.2.2 Bytes（字节）...... 206
  - 13.2.3 Duration（持续时间）...... 206
  - 13.2.4 String（字符串类型）...... 207
  - 13.2.5 Time（时间类型）...... 207
  - 13.2.6 Float（浮点类型）...... 208
  - 13.2.7 Integer（整数类型）...... 208
  - 13.2.8 Null（空值）...... 209

13.3 查询数据源 209
    13.3.1 from() 函数 210
    13.3.2 range() 函数 210
    13.3.3 查询 InfluxDB 1.x 211
    13.3.4 远程查询 InfluxDB Cloud 或 InfluxDB 2.x 211
13.4 写入数据源 212
13.5 小结 213

第 14 章 InfluxDB 存储引擎

14.1 InfluxDB 存储引擎历史 215
14.2 LSM-Tree（LSM 树）概述 215
    14.2.1 LSM-Tree 存储原理 216
    14.2.2 优势和问题 220
14.3 InfluxDB 数据格式 220
14.4 TSM 存储组件 221
14.5 TSM file 详解 222
    14.5.1 SeriesKey（时间序列关键字） 223
    14.5.2 Series Data Block 224
    14.5.3 Series Index Block 225
14.6 TSM 数据写入 227
    14.6.1 写入总体框架 227
    14.6.2 Shard 路由 228
    14.6.3 倒排索引引擎构建倒排索引 228
    14.6.4 写入流程 229
14.7 小结 230

第 1 章
时序数据库 InfluxDB 简介

作为目前主流的时序数据库之一，InfluxDB 已经拥有了大量的拥护者，作为开发人员，必须了解以 InfluxDB 为首的时序数据库是怎样对数据进行处理的。

本章将从数据简史出发，首先介绍数据以及时序数据的概念。再过渡到时序数据库的概念及其发展，进而介绍本书的重点——InfluxDB 时序数据库。在 InfluxDB 的讲解中，先带领读者了解 InfluxDB 的基本概念及其发展，再介绍其独特的设计思想和核心特性，最后是 InfluxDB 在实际场景中的使用。通过本章的学习，将掌握以下的知识：

- 了解什么是时序数据。
- 时序数据库 InfluxDB 的基本概念、设计理念及其主要特性。
- 时序数据库 InfluxDB 在各个场景的应用。

1.1 数据简史

数据(data)是事实或观察的结果,是对客观事物的逻辑归纳,是用于表示客观事物的未经加工的原始素材。数据可以是连续的值,例如音频、图像,称为模拟数据;也可以是离散的,如符号、文字,称为数字数据。显然,在数据库领域,连续型数据和离散型数据,都需要研究。

这些年,无论是学术界还是大众媒体,都在谈论大数据,各企业也都意识到数据的重要性,但是却很少有技术能从纷繁的数据"金矿"中,挖掘出真正对生活、生产有帮助的数据。

全球数据量正在爆炸性地增长,据国际数据公司统计,到 2025 年,全球数据量将达到 175ZB。ZB 是什么概念呢?ZB 是泽字节,是 2^{70} 字节,大家熟悉的 TB 是 2^{40} 字节,$1ZB=2^{30}TB$,以 1TB 的硬盘计算,存储 175ZB 数据需要购买 175×2^{30} 个硬盘。2012—2025 年全球数据规模增长趋势如图 1-1 所示。

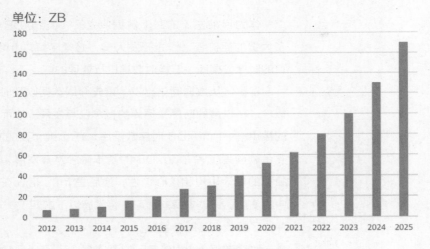

图 1-1　数据规模增长趋势

诙谐点说,我们不知道未来的数据会有多值钱,但是假设 2025 年 1 个 1TB 的硬盘为 200 元,那么单是卖硬盘,就可以营收 $175 \times 2^{30} \times 200$ 元,约为 35 万亿元,这是一个天文数字。

这些数据其中一部分是时序数据,关于时序数据的概念,后面会详细介绍。随着物联网技术的发展,预计到 2025 年,全球将会有 1500 亿台设备联网,这些设备中,大多数会产生以时间为中心的时序数据。例如,很快就会普及的自动驾驶汽车,在行驶过程中,全车的传感器会产生大量的基于时间的测点数据,这些数据会被计算,从而影响自动驾驶的策略。这些数据中一部分数据处理后会被抛弃,另一部分会被存储下来,进行深度分析。

2017年，时序数据占全部数据的15%，到2025年将接近30%，达到52.5ZB。无法想象这些数据有多庞大，但是能预测需要很强大的时序数据存储系统，才能将这些数据有序地存储下来，并进行处理分析。过去的20年，可能每一位IT从业者，都需要了解并使用类似MySQL、Oracle、SQL Server的关系型数据库，但是未来20年，每一位IT从业者，都有必要学习时序数据库的知识。

1.1.1 什么是时序数据

不知道大家是否思考过这样一个问题：在日常生活生产过程中，需要对某一些数据按照时间的变化进行统计，例如，在气象监测领域，数据时刻在变换，工作人员要将这些数据的变化记录下来用作监控分析，那么该如何表示这些数据呢？其实为每一条数据记录加上时间戳即可以表示该条数据产生的时间。

简单来说，就是这类数据描述了被测量的主体在时间范围内每个时间节点上的测量值，用于描述物体在历史时间维度上的状态变化信息。而对于时序数据的分析，就是尝试把控其变化规律的过程，按照以上过程的定义，可以得知，时序数据有以下特点：

- 是按照时间维度索引的数据。
- 是一段时间内的测量值，测量值可以为多种类型。
- 用来监控状态变化信息。
- 数据量大，数据量随时间增加。

了解时序数据之后，想必各位读者对时序数据库也有了自己的理解。顾名思义，时序数据库的作用就是为了处理时序数据。其发展至今，经过市场的不断淘汰更新，一批稳定的时序数据库占据了市场主流，下面带大家了解一下时序数据库的发展历史。

1.1.2 时序数据库的历史

笼统地说，时序数据库又叫实时数据库，但是实时数据库包含时序数据库，由于实时数据库和时序数据库的核心共性都是研究时间数据的关系，所以本书，对实时数据库和时序数据库没有进行区分。

实时数据库概念诞生于20世纪70年代，80年代进入理论研究，90年代诞生商用产品。相比于国外，国内90年代才开始进行理论研究，中国无论是从理论还是实践上都起步较晚。世界时序数据库发展的历史如图1-2所示。

国内对时序数据库的研究虽然起步较晚，但是近几年发展却非常迅猛，以IoTDB为代表的时序数据库，已经在某些底层内核、性能、功能上超过了国外先进的时序数据库，拥有自主、可控、安全的国产时序数据库已经成为现实。

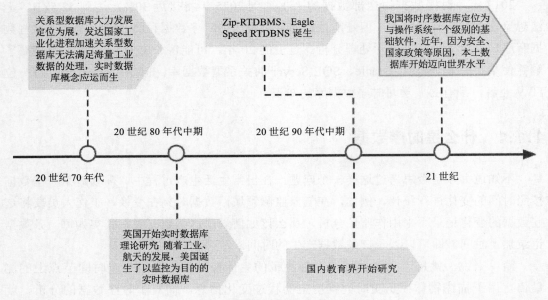

图 1-2　世界时序数据库发展历史

1.2　InfluxDB 简介

时序数据库发展到目前，市场上已经诞生了很多稳定高效的产品，而 InfluxDB 就是其代表之一。

InfluxDB 作为目前流行的时序数据库，拥有众多的竞争对手。本书将重点介绍 InfluxDB，只要大家学会了 InfluxDB，其他同类的时序数据库也就学会了，因为目前大多数时序数据库的概念都是相通的。

1.2.1　什么是 InfluxDB

InfluxDB 是一个由 InfluxData 公司于 2013 年开发的开源分布式时间序列数据库，其设计意图就是为了能够存储带有大量时间戳的数据，例如物联网设备、自动驾驶汽车产生的数据等，InfluxDB 致力于对这些数据进行海量的写入以及高负载查询，由于是由 Go 语言开发，无须外部依赖，安装配置十分便捷，被广泛用于存储系统的监控数据等领域，成为目前主流的时序数据库之一。

InfluxData 公司成立于 2012 年 1 月，其创始人 Paul Dix 和 Todd Person 在 2013 年开始着手 InfluxDB 的开发，之后获得了多轮投资。发展至今，历经了多次迭代，目前在 InfluxDB 版本中，部署方式分为单机版和集群版，单机版走开源路线。在 2016 年 3 月，InfluxData 公司宣布他们会将用于支撑 InfluxDB 集群水平扩展的组件作为闭源产品单独销售，从而为 InfluxDB 的持续开发建立一个稳定的收入来源。

InfluxDB 单机版是免费使用的，关于 InfluxDB 集群版的售价可在其官网上查阅，价格是随着服务器节点和每个节点的核心数变化的，见表 1-1。

表 1-1 InfluxDB 售价

数据节点数	每个数据节点的核心数	年度订阅价格	每秒写入的数据点数
2	2	9500 美元	75000
2	4	17000 美元	150000
超过两个	超过四个	联系 InfluxDB	>150000

1.2.2 InfluxDB 的历史

随着工业的快速发展，传统的关系型数据库面对快速增长的时序数据开始显得逐渐吃力，由于采用 BTree 的随机读写的模式，在寻道上会消耗很多时间，在目前物联网数据的大量写入要求下，传统关系型数据库的效率太过低下，于是时序数据库应运而生。

从图 1-3 中可以看出，时序数据库最早可追溯到 20 世纪 90 年代，为满足监控领域时序数据的存储要求，以 RRDTool 和 KDB+ 为代表，出现了第一批时序数据库，它们将一个固定大小的数据库内嵌在监控系统中，来达到随时间变化快速存储数据的能力，但其缺点是读取能力依旧较弱，并且处理的数据比较单一。

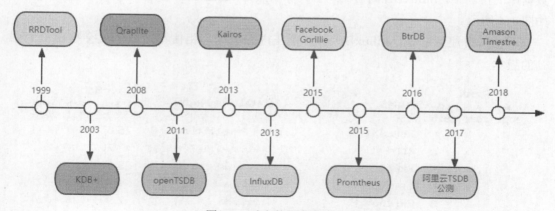

图 1-3 时序数据库发展史

后来随着大数据发展，不只是监控领域，其他领域也出现了需要处理大量时序数据的需求。从 2011 年年始，陆续出现了以 openTSDB、Kairos 为代表的基于分布式存储的数据库，其对时间进行了针对性优化。例如，openTSDB 的底层依赖 HBase 集群存储，根据时序的特征对数据进行压缩，节省了存储空间。相较于之前的时序数据库，在存储和读写性能方面上有了显著提升，但其依赖 Hadoop 和 HBase 环境，使得部署及维护成本极高。

由于 openTSDB 本身的不足再加上部署维护不便，促成了低成本时序数据库的诞生。在这场混战中，InfluxDB 得益于其高效的数据读取存储的能力和算法，慢慢地占据了主流市场。

Errplane 公司在 2013 年下半年开始以开源项目的形式开始了 InfluxDB 的研发。其目的是提供一个高性能的监控以及告警的解决方案。2014 年 11 月，Errplane 公司获得了梅菲尔德风险投资公司与 Trinity Ventures 领投的 A 轮投资，金额高达 810 万美元。在 2015 年，Errplane 正式更名为 InfluxData，在 2016 年 9 月获得了金额高达 1600 万美元的 B 轮投资，又于 2018 年 2 月获得 3500 万美元的 C 轮投资。

1.2.3　InfluxDB 现状及未来

2013 年 9 月，Errplane 公司正式发行了 InfluxDB 1.0 版本。2019 年 1 月 23 日，InfluxDB 推出了 InfluxDB 2.x 的 alpha 内部测试版，通过了二十几个版本的迭代，到 2020 年 1 月 8 日，InfluxDB 2.0 开始推出 Beta 公开测试版，一直持续到同年 10 月，最终测试版本 v2.0.0-rc.0 正式推出。后来又推出了 v2.0.1 通用版，截至 2021 年 11 月，InfluxDB 版本已经迭代到了 v2.1.1。

历经这么多版本的迭代，InfluxDB 在用户界面上不断进行完善，对旧版本的 bug 进行不断改进，并在每个版本上增加了新功能。以最新版本为例，InfluxDB 对 api 和 cli 做出了更新，同时包括 InfluxQL 的更新。在最新的 DB-ENGINES 给出的时间序列数据库的排名中，InfluxDB 高居第一位，可以预见，InfluxDB 会得到越来越广泛的使用，如图 1-4 所示。

不过值得注意的是，InfluxDB 目前正在进行重构，相信不久之后就会推出更为强劲的版本。

Rank			DBMS	Database Model	Score		
Mar 2021	Feb 2021	Mar 2020			Mar 2021	Feb 2021	Mar 2020
1.	1.	1.	InfluxDB	Time Series, Multi-model	26.87	+0.62	+4.44
2.	2.	2.	Kdb+	Time Series, Multi-model	7.76	-0.02	+2.41
3.	3.	3.	Prometheus	Time Series	5.90	+0.15	+1.75
4.	4.	4.	Graphite	Time Series	4.67	+0.06	+1.23
5.	5.	5.	RRDtool	Time Series	2.90	-0.10	+0.20
6.	6.	↑7.	TimescaleDB	Time Series, Multi-model	2.82	-0.04	+0.94
7.	7.	↑8.	Apache Druid	Multi-model	2.69	+0.03	+0.84
8.	↑9.	↑9.	Fauna	Multi-model	1.83	-0.07	+0.89
9.	↓8.	↓6.	OpenTSDB	Time Series	1.77	-0.26	-0.21
10.	10.	↑11.	GridDB	Time Series, Multi-model	0.97	+0.15	+0.52
11.	11.	↑15.	DolphinDB	Time Series	0.83	+0.02	+0.52
12.	12.	↓10.	KairosDB	Time Series	0.73	-0.01	+0.18

图 1-4　时序数据库排名

1.3　InfluxDB 的基本概念

InfluxDB 主要有七个概念：database、measurement、timestamp、filed、tags、point、series。下面简单介绍一下各个概念的含义，更详细的概念将在后面的章节介绍。

- database：数据库。用户、保留策略、连续查询和时间序列数据的逻辑容器。
- measurement：相当于关系型数据库中表的概念。可以理解为一条条记录都是存储于 measurement 中的，一个数据库中可以有多个 measurement，一个 measurement 中可以存储很多的数据。
- timestamp：时间戳。与 point 关联的日期和时间，每条记录都会带有一个单独的时间戳。
- filed：未加索引的字段，用来存储具体的时序数据，即随着时间变化而变化的数据。是 InfluxDB 数据结构中记录元数据和实际数据的键值对，用来保存真实数据的结构，由 key-value 键值对组成，在 InfluxDB 的数据结构中是必需的。
- tags：标签，一般用于存储标识数据来源的属性信息。是记录元数据的键值对，在 InfluxDB 的数据结构中是可选的，tags 和 filed 一样是 key-value 的结构，但会在 tags 上加索引，因此对 tags 的查询是高效的。
- point：一条记录。相当于关系数据库中的一条记录。
- series：InfluxDB 中一些数据的集合。在同一个 database 中，retention policy、measurement、tag 完全相同的数据属于一个 series，同一个 series 的数据在物理上会按照时间顺序排列存储在一起。

为了更好地理解这些概念，表 1-2 将 InfluxDB 与 MySQL 的关键概念做了对比。

表 1-2　InfluxDB 与 MySQL 概念对比

术语	InfluxDB 概念	MySQL 概念
database	数据库	数据库
measurement	InfluxDB 中的表	数据库表
timestamp	InfluxDB 时序数据库特有属性，时间戳	无
filed	未加索引的字段	列名
tags	标签	加索引的字段
point	一条记录	一行数据

1.4　InfluxDB 的设计理念

InfluxDB 是一个时序数据库，为了最大程度发挥时序数据库高写入高查询的功能，不得不对其设计优化做出一些权衡，主要是牺牲部分功能提升查询和写入的性能，其主要设计理念如下：

- 如果在同一时间点有相同的数据被写入，就会被认为是重复写入，这样设计的目的是解决数据重复的冲突，但在极少数情况下，可能会发生数据丢失的情况。
- 为了提高查询和写入的性能，InfluxDB 极少出现删除数据的情况，即使要删除数据，也基本是清理过期数据，由于这一缺陷，其删除功能受到了很大限制。
- InfluxDB 极少更新已有的数据，且不会出现有争议的更新，时间序列中的数据总是新数据，这样做的目的是限制对更新的访问以提高查询和写入的功能，所以其更新功能是受到限制的。
- 绝大多数写入是针对时间戳最近的数据，并且数据按时间升序添加。这样使得添加数据的性能明显更高，但如果使用随机时间或者不按升序时间写入，写入性能就会降低。
- InfluxDB 处理的数据规模会非常大，它的出现就是为了解决大量数据的快速写入和查询的需求。必须能够处理大量的读写操作，为了解决大量数据的快速写入和查询的需求，InfluxDB 团队为了满足需求不得不做出权衡以提高其性能。
- 能够写入和查询数据会比强一致性更重要，这样做使得在对数据库进行查询插入操作的时候，多个客户端可以在高负载的情况下完成，但如果数据库负载过重，查询返回的结果可能不包括最近的 point。

1.5 InfluxDB 的核心特性

得益于 InfluxDB 的设计理念，InfluxDB 造就了如下特殊的核心特性。

1.5.1 内置 REST 接口

InfluxDB 原生操作模式分为两种：一种是用户可以通过命令行的方式访问 Influx 服务，对其操作较为方便；另一种就是 InfluxDB 内置的 REST 接口，用户可以启动 Influx 服务，并连接到 InfluxDB 服务器进而执行操作。

InfluxDB API 的一大特性就是可编程性强，而且编程语言较为友好，开发者可以快速上手。InfluxDB 提供了一系列 HTTP API 供开发者调用，使用 HTTP 响应代码、HTTP 身份验证，并以 JSON 格式返回响应。

InfluxDB 提供的各种语言的 HTTP API 接口的封装可具体参考：https://docs.influxdata.com/influxdb/v2.0/api/。

1.5.2 数据 Tag 标记

Tag 标记是 InfluxDB 的一个独特概念，其作用一般是为了创建索引，提高查询性能，是 InfluxDB 数据结构中记录元数据的键值对，在 InfluxDB 数据结构中属于可选部分，但它们对于存储常用查询的元数据很有用。

Tag 标记一般存放的是标识数据点来源的属性信息，以代码清单 1-1 为例，其中 host、monitor_name 就是标签键，host 对应的值是 127.0.0.1，monitor_name 对应的值是 test1。

代码清单 1-1

```
> insert test,host=127.0.0.1,monitor_name=test1, count=2,num=3
> select * from test
name: test
time                    count    host         monitor_name    num
----                    -----    ----         ------------    ---
1585897703920290000     1        127.0.0.1    test1           3
1585897983909417000     2        127.0.0.1    test1           3
1585898383503216000     2        127.0.0.1    test1           3
```

1.5.3 类 SQL 的查询语句

InfluxDB 的另一大优点是拥有类似 SQL 的查询语言——InfluxQL，这使得使用传统 SQL 开发的从业人员能够快速上手，InfluxQL 语言经过仔细设计，目前已发展得较为成熟。

下面以 SELECT 语句举例，在特定条件下从指定表名中查询相关数据。InfluxQL 语句遵循 SQL SELECT 语句的形式：

SELECT <stuff> FROM <measurement_name> WHERE <some_conditions>

上述语句的参数解释如下：

- stuff：要查询的内容。
- measurement_name：表名，表示要从哪一张表中查询信息。
- some_conditions：条件约束，指定在该条件下查询内容。

InfluxQL 还支持表达式的算术运算、正则表达式、SHOW 语句、GROUP BY 语句等，同时也支持 SQL 的大部分函数，如 COUNT()、MIN()、MAX() 等，有关 InfluxDB 函数的更多内容，读者可参考本书第 5 章。

1.5.4 高性能

时序数据库的一个重要特性就是高性能，这是支撑其处理大量数据的重要因素，决定了数据库在高写入高存储时的表现。InfluxDB 在这方面表现得很优秀，在同类别的时序数据库中，InfluxDB 的查询性能测试都领先于其他数据库数倍；在内置函数测试方面，其性能也是其他数据库的数倍。

要做到如此高性能，首先需要解决高写入吞吐量带来的问题，InfluxDB 一开始选择了 LevelDB 作为存储引擎。然而，面对越来越多的时间序列数据的需求，InfluxDB 遇到了一些无法克服的挑战。诸如 LevelDB 不支持热备份，对数据库进行安全备份需要关闭后才能复制；删除过期数据代价过高，等等。

后来 InfluxDB 采用自研的 TSM(Time-Structured Merge Tree) 作为存储引擎，其设计的核心思想就是牺牲部分功能来达到极致的性能。得益于自研的 TSM 存储引擎，InfluxDB 有着极强的写入能力，它允许高吞吐量，压缩和实时查询同一数据。

1.5.5 开源

数据库产品属于基础软件，与操作系统的发展有同样的路径，属于头部垄断，就像奥运会的获奖模式，只有金银铜牌才会被客户认同。

实力弱小、市场份额占有率有限的企业，以开源切入是一种主流的商业模式，在时序数据库排行前十名中只有 Kdb+ 和 Fauna 闭源。以非关系型数据库 MongoDB 为例，它于 2007 年成立，以开源、深耕社区、产品易用性极致体验为切入点，2012 年左右，就成为非关系型数据库的标杆产品。这些年的开源使其积累了大量的用户，于 2013 年推出自己的商业化版本，用更好的工具、服务进行商业变现，例如推出数据托管服务、付费技术支持。以开源为切入点的关键在于，客户相信原厂是最了解开源数据库的服务企业，虽然其他服务器也可以为开源软件服务，但是比起开源软件的维护者来说，还是落了下风。

InfluxDB 开源也是其受众广泛的原因之一，截至目前，InfluxDB 在 GitHub 上已经有了 2 万多的 star，足以见得其拥有良好的生态。不过目前只有单机版的 InfluxDB 开源，InfluxDB 开发商为了维持后续稳定的开发费用，对集群版做了闭源，实行收费使用，走商业路线。

1.6 时序数据库的应用场景

时序数据库经常应用于工业环境监控、物联网 IoT 设备采集存储、互联网业务、性能监控服务、自动驾驶等基于时间线且多源数据连续涌入数据平台的应用场景，InfluxDB 专为时序数据存储而生，尤其是在工业领域的智能制造方面应用潜力巨大。

1.6.1 在工业环境监控中的应用

在工业领域，通常需要对实时产生的大量时序数据进行采集、处理、分析。处理这些数据，最重要的一点就是要做到实时，实时写入、实时查询，InfluxDB 在这方面做得很好。

假若某公司有如下需求：由于工业要求，需要将生产过程中产生的工况数据采集起来做分析，公司一共有 20 个厂区，每个厂区有 20000 个采集点，要求 500 毫秒为一个采集周期，通过计算，每天的数据量高达 700 多万点，一年的数据量更是达到了 26 万亿点，假如每个数据点大小为 50Byte，那么总的数据大小将达到 1PB，如果每台服务器硬盘大小为 10TB，那么总共需要 100 多台服务器。且这些数据不只要快速生成写入存储，还要支持快速查询，做可视化展示。

如此一来，传统关系型数据库便不能达到要求，而 InfluxDB 因特殊设计的存储结构，能够做到每秒钟支持上千万甚至上亿的数据写入和秒级的对上亿数据的分组聚合计算，所以在面对海量数据涌入的时候能够实时处理，并且快速查询。

1.6.2 在物联网 IoT 设备采集存储中的应用

物联网是指通过各种传感器、红外感应等装置与技术，实时采集任何需要监控、连接的物体，采集内容包括声、光、热、力、电等各种信息，并对这些信息进行集中分析处理，实现对这些事物的智能感知和分析。

例如智能家居系统中，需要对各种电器进行实时的数据采集并进行快速分析，从而达到监控报警、大数据计算、业务报表等功能。InfluxDB 等时序数据库就起到了重要作用，物联网平台和时序数据库进行数据打通，实现了物联网设备的开发管理、数据分析等一体化方案，构建智慧互联网平台。其具体架构如图 1-5 所示。

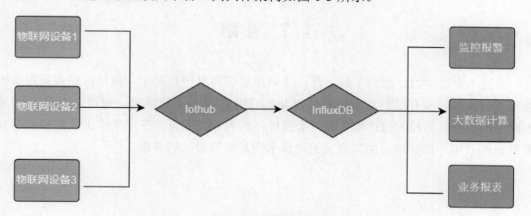

图 1-5　智慧物联架构图

物联网设备通过 IoT 套件设备连接管理，再将数据发送到 InfluxDB 数据库，然后基于 InfluxDB 对数据进行分析、监控等。

1.6.3 互联网业务性能监控服务

在互联网服务中，需要采集用户的访问延迟大小、业务服务指标监控数据以及查询返回效率等，时序数据库 InfluxDB 就可以对这些数据进行多维度分组聚合分析和监控项展示。

举一个例子，某网站需要实时统计每个网页的流畅度、清晰度、单击量、访问量等信息，于是就可以将这些监控项以某一频率写入时序数据库中，通过一定的聚合计算，可以得到某一时间段内哪一个运营商的网络更流畅；查看任意一段时间内某个站点的流畅度曲线；单击率随着流畅度的变化规律。

时序数据库对这些写入的信息进行分析计算，再通过 API 获取信息，实现高效的实时分析以及建模等需求。

1.6.4　在智能汽车中的应用

作为一个一百年来未变的产业，汽车产业正在以前所未有的速度发生变革，我们将迎来一个脱胎换骨的产业重构。

智能汽车是时代的必然产物，正在一步步地改变我们的生活。从技术层面讲，智能汽车在运行时需要监控各种状态，包括坐标、速度、方向、温度、湿度等，并且需要将数据及时收集起来做大数据分析。这样一来，每年累积的数据量是十分惊人的。如果只是存储下来不做查询也还好，但如果需要进行例如"今天下午六点在滨湖路速度超过70%的汽车有哪些"这种多维度分组聚合查询的操作时，时序数据库会是一个很好的选择。

1.7　小结

通过本章的学习，我们了解了什么是时序数据和时序数据库，包括时序数据库数据的写入、读取以及存储的特点。并且对 InfluxDB 有了基本的掌握，知道 InfluxDB 的基本概念，了解其独特的设计理念和核心特性。作为开发人员，在未来的工作中应该学会善用 InfluxDB，良好地运用其强大的功能来满足日益增长的需求。

第 2 章
InfluxDB 的安装、配置、启动

InfluxDB 作为世界排名第一的时序数据库，近年广泛使用在物联网时序数据采集中。作为开源软件，其生态、社区都非常活跃。InfluxDB 可以安装在多种操作系统上，无论是用于学习还是生产，都能很容易地安装、配置、启动。通过本章的学习，将掌握以下知识点：

- 掌握 InfluxDB 在多种操作系统上的安装，包括编译安装。
- 掌握 InfluxDB 安装目录中各个程序的功能。
- 掌握 InfluxDB 配置文件的含义及用法。

2.1 在不同操作系统上安装 InfluxDB

InfluxDB 的发展非常迅速，目前支持在各大主流操作系统中安装。最常见的操作系统有 Linux、Windows 和 OS，其中 Linux 衍生出的 RedHat & CentOS、Ubuntu & Debian 都能安装 InfluxDB，甚至很多嵌入式操作系统也可以安装。本章将讲解最新的 InfluxDB 2.0.6 版本在不同操作系统上的安装，安装 InfluxDB 之前，先大致了解一下 InfluxDB 对硬件资源的要求。

2.1.1 硬件要求

InfluxDB 对硬件资源是有一些要求的，硬件资源直接影响 InfluxDB 的运行稳定性和性能。过于局限的资源，会导致 InfluxDB 不稳定，或者性能急剧下降。

如果只是为了学习 InfluxDB，一台普通的办公计算机（内存为 8GB、16GB 都可以）就可以安装 InfluxDB。但是在生产环境中使用，就必须注意以下一些问题了：

这里定义的 InfluxDB 的负载是基于每秒写入的数据量、每秒查询的次数以及唯一 series 的数量（series 是一组数据的集合），如表 2-1 所示。

表 2-1　InfluxDB 的负载表

负载分类	每秒写入数据量/点	每秒查询数量/次	series 数量/个
低负载	<5000	<5	<10 万
中等负载	5000~250000	<25	<1 百万
高负载	250000~750000	>25	>1 百万
超高负载	>750000	>100	>1 千万

在实际选择硬件配置时，可以根据上面的指标来判断需要什么资源，下面分别说明不同的负载需要什么样的系统资源：

（1）低负载推荐的硬件配置。

低负载，也就是每秒写入数据量小于 5000 点：
- CPU：2~4 核。
- 内存：2~4GB。
- IOPS：500。

（2）中等负载推荐的硬件配置。

中等负载，也就是每秒写入数据量小于 25 万点，大于 5000 点：
- CPU：4~6 核。
- 内存：8~32GB。
- IOPS：500~1000。

（3）高负载推荐的硬件配置。

高负载，也就是每秒写入数据量大于 25 万点，小于 75 万点：
- CPU：8+ 核。
- 内存：32+GB。
- IOPS：1000+。

（4）超高负载的硬件配置。

要达到这个范围挑战很大，需要搭建大规模的集群，后文会对集群做相应的讨论。对于小项目，一般来说不使用集群，因为集群的维护成本较昂贵，使用单机就可以了。

2.1.2 在 Ubuntu 和 Debian 系统中安装 InfluxDB

1. deb 软件包安装 InfluxDB

deb 是 Debian 系统中软件包格式，和 Window 中的 exe 一样，deb 软件安装包的文件扩展名为 .deb。和 Debian 的命名一样，deb 也是因 Debra Murdock（Debian 创始人 Ian Murdock 的前妻）而得名。

首先需要在 InfluxData 网站（https://portal.influxdata.com/downloads/）下载最新的 deb 安装包，如图 2-1 所示。

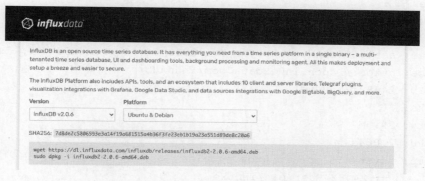

图 2-1　InfluxDB 下载界面

这里使用的是 v2.0.6 版本，Platform 下拉列表框有其他系统的版本，如 Ubuntu & Debian(ARM 64-bit) 版本，这是为 ARM 处理器准备的版本。

下载 v2.0.6 的安装包，大小约 104.58M，如代码清单 2-1 所示。

代码清单 2-1

```
wget https://dl.influxdata.com/influxdb/releases/influxdb2-2.0.6-amd64.deb
```

然后可以使用 dpkg 命令进行安装。dpkg 是 Debian package 的简写，是为 Debian 操作系统专门开发的软件包管理系统，用于软件的安装、更新和移除。dpkg 的 -i 选项表示安装某个软件包的意思，-i 是 --install 的缩写，安装命令如代码清单 2-2 所示。

代码清单 2-2

```
root@ecs-3f37-0001:~# sudo dpkg -i influxdb2-2.0.6-amd64.deb
Selecting previously unselected package influxdb2.
(Reading database ... 148823 files and directories currently installed.)
Preparing to unpack influxdb2-2.0.6-amd64.deb ...
Unpacking influxdb2 (2.0.6) ...
Setting up influxdb2 (2.0.6) ...
Created symlink from /etc/systemd/system/influxd.service to /lib/
systemd/system/influxdb.service.
Created symlink from /etc/systemd/system/multi-user.target.wants/
influxdb.service to /lib/systemd/system/influxdb.service.
```

安装好后，可以通过 service 服务来启动 InfluxDB 服务，如代码清单 2-3 所示。

代码清单 2-3

```
sudo service influxdb start
```

服务启动后，可以通过 sudo service influxdb status 查看服务状态，如代码清单 2-4 所示。

代码清单 2-4

```
root@ecs-3f37-0001:~# sudo service influxdb status
● influxdb.service - InfluxDB is an open-source, distributed, time series
database
   Loaded: loaded (/lib/systemd/system/influxdb.service; enabled; vendor
preset: enab
   Active: active (running) since Fri 2021-06-04 09:20:53 CST; 7s ago
     Docs: https://docs.influxdata.com/influxdb/
 Main PID: 24482 (influxd)
    Tasks: 8
   Memory: 39.5M
      CPU: 7.064s
   CGroup: /system.slice/influxdb.service
           └─24482 /usr/bin/influxd
Jun 04 09:20:53 ecs-3f37-0001 systemd[1]: Started InfluxDB is an open-
source, distrib
lines 1-12/12 (END)...skipping...
● influxdb.service - InfluxDB is an open-source, distributed, time series
database
   Loaded: loaded (/lib/systemd/system/influxdb.service; enabled; vendor
preset: enab
   Active: active (running) since Fri 2021-06-04 09:20:53 CST; 7s ago
     Docs: https://docs.influxdata.com/influxdb/
 Main PID: 24482 (influxd)
    Tasks: 8
   Memory: 39.5M
      CPU: 7.064s
```

```
        CGroup: /system.slice/influxdb.service
                └─24482 /usr/bin/influxd
```

输出的内容中有 Active：active (running)，就表示服务启动成功了。通过 telnet 可以查询端口是否可以被访问，如代码清单 2-5 所示，如果能被访问，说明服务启动成功，如果不能被访问，说明启动失败。

代码清单 2-5

```
root@ecs-3f37-0001:~# telnet 127.0.0.1 8086
Trying 127.0.0.1...
Connected to 127.0.0.1.
Escape character is '^]'.
```

如果启动失败，可以通过日志查询原因。

通过 sudo service influxdb stop 可以停用服务，如代码清单 2-6 所示。

代码清单 2-6

```
sudo service influxdb stop
```

查看安装的 InfluxDB 信息如代码清单 2-7 所示。

代码清单 2-7

```
root@ecs-3f37-0001:~# dpkg -l | grep influx
ii  influxdb2      2.0.6        amd64        Distributed time-series database.
```

其中 influxdb2 是软件包的名字，卸载的时候，需要使用到这个名字，如代码清单 2-8 所示。

代码清单 2-8

```
root@ecs-3f37-0001:~# sudo dpkg -r influxdb2
(Reading database ... 148832 files and directories currently installed.)
Removing influxdb2 (2.0.6) ...
Removed symlink /etc/systemd/system/influxd.service.
Removed symlink /etc/systemd/system/multi-user.target.wants/influxdb.service.
```

这样就卸载成功了。

2. apt-get 命令安装 InfluxDB

apt-get 是 Ubuntu & Debian 的包管理器，是一款广受欢迎的命令行工具，可以用来安装一些组件和应用程序。使用 apt-get 命令安装最新 InfluxDB 的步骤如下：

（1）配置 InfluxData 软件仓库源。
（2）更新仓库。
（3）安装 InfluxDB。
（4）启动 InfluxDB。

首先，需要将 InfluxData 软件仓库源添加到 Ubuntu & Debian 系统中，如果你使用的是 Ubuntu 系统，可以使用如代码清单 2-9 所示的方法在 Ubuntu 中添加软件源。

代码清单 2-9

```
curl -sL https://repos.influxdata.com/influxdb.key | sudo apt-key add -
source /etc/lsb-release
echo "deb https://repos.influxdata.com/${DISTRIB_ID,,} ${DISTRIB_CODENAME} stable" | sudo tee /etc/apt/sources.list.d/influxdb.list
```

- https://repos.influxdata.com/influxdb.key：influxdb 仓库的密钥文件。
- apt-key add -：把下载的 key 添加到本地信任 (trusted) 数据库中，表示 apt-get 可以从这个源下载软件，下载的软件是可信的、没有病毒的、官方正版的。
- source /etc/lsb-release：刷新当前 shell 的环境变量，/etc/lsb-release 是一个文本文件，里面存放的是一些系统相关的环境变量。
- ${DISTRIB_ID,,}：系统类型，这里是 ubuntu。
- ${DISTRIB_CODENAME}：操作系统的开发代号，在笔者的操作系统中，这里是 xenial。

代码最后一句是将下载地址添加到 influxdb.list 中。

这段脚本执行成功后，/etc/apt/sources.list.d/influxdb.list 的内容如代码清单 2-10 所示。由于 InfluxDB 并不在 Ubuntu 的官方仓库中下载，/etc/apt/sources.list.d/influxdb.list 文件表示将 InfluxDB 仓库添加到系统中。

代码清单 2-10

```
deb https://repos.influxdata.com/ubuntu xenial stable
```

如果使用的是 Debian 系统，可以使用如代码清单 2-11 所示的方法添加软件源。

代码清单 2-11

```
curl -sL https://repos.influxdata.com/influxdb.key | sudo apt-key add -
source /etc/os-release
test $VERSION_ID = "7" && echo "deb https://repos.influxdata.com/debian wheezy stable" | sudo tee /etc/apt/sources.list.d/influxdb.list
test $VERSION_ID = "8" && echo "deb https://repos.influxdata.com/debian jessie stable" | sudo tee /etc/apt/sources.list.d/influxdb.list
test $VERSION_ID = "9" && echo "deb https://repos.influxdata.com/debian stretch stable" | sudo tee /etc/apt/sources.list.d/influxdb.list
```

然后使用如代码清单 2-12 所示的方法更新仓库。

代码清单 2-12

```
root@ecs-3f37-0001:~# sudo apt-get update
Hit:1 http://archive.ubuntu.com/ubuntu xenial InRelease
Get:2 http://security.ubuntu.com/ubuntu xenial-security InRelease [109 kB]
```

```
Get:3 http://archive.ubuntu.com/ubuntu xenial-updates InRelease [109
kB]
Get:4 http://archive.ubuntu.com/ubuntu xenial-backports InRelease [107
kB]
Fetched 325 kB in 3s (87.6 kB/s)
Reading package lists... Done
```

安装 InfluxDB 服务，如代码清单 2-13 所示。

代码清单 2-13

```
root@ecs-3f37-0001:~# sudo apt-get install influxdb
Reading package lists... Done
Building dependency tree
Reading state information... Done
The following packages were automatically installed and are no longer
required:
  linux-headers-4.4.0-131 linux-headers-4.4.0-131-generic linux-image-
4.4.0-131-generic
  linux-image-extra-4.4.0-131-generic
Use 'sudo apt autoremove' to remove them.
The following NEW packages will be installed:
  influxdb
0 upgraded, 1 newly installed, 0 to remove and 213 not upgraded.
Need to get 3,160 kB of archives.
After this operation, 14.6 MB of additional disk space will be used.
Get:1 http://archive.ubuntu.com/ubuntu xenial/universe amd64 influxdb
amd64 0.10.0+dfsg1-1 [3,160 kB]
Fetched 3,160 kB in 2s (1,246 kB/s)
Selecting previously unselected package influxdb.
(Reading database ... 148823 files and directories currently installed.)
Preparing to unpack .../influxdb_0.10.0+dfsg1-1_amd64.deb ...
Unpacking influxdb (0.10.0+dfsg1-1) ...
Processing triggers for ureadahead (0.100.0-19.1) ...
Processing triggers for systemd (229-4ubuntu21.21) ...
Processing triggers for man-db (2.7.5-1) ...
Setting up influxdb (0.10.0+dfsg1-1) ...
Processing triggers for ureadahead (0.100.0-19.1) ...
Processing triggers for systemd (229-4ubuntu21.21) ...
```

安装完成后，通过 service 服务来启动 InfluxDB 服务，如代码清单 2-14 所示。

代码清单 2-14

```
sudo service influxdb start
```

2.1.3 在 RedHat 和 CentOS 系统中安装 InfluxDB

1. yum 软件包管理器安装 InfluxDB

在 RedHat & CentOS 系统中，可以通过 yum 命令安装 InfluxDB。为了让 yum 能找到最新的 InfluxDB 程序，需要将 yum 软件源添加到 RedHat & CentOS 系统中，如代码清单 2-15 所示。

代码清单 2-15

```
cat <<EOF | sudo tee /etc/yum.repos.d/influxdb.repo
[influxdb]
name = InfluxDB Repository - RHEL \$releasever
baseurl = https://repos.influxdata.com/rhel/\$releasever/\$basearch/stable
enabled = 1
gpgcheck = 1
gpgkey = https://repos.influxdata.com/influxdb.key
EOF
```

在 /etc/yum.repos.d 目录中，查看 influxdb.repo 文件是否存在，如存在须查看 influxdb.repo 中的内容，是否为代码清单 2-15 所示内容，如果不是，则说明没有执行成功。

安装 InfluxDB 服务，如代码清单 2-16 所示。

代码清单 2-16

```
sudo yum install influxdb
```

安装完成后，通过 service 服务来启动 InfluxDB 服务，如代码清单 2-17 所示。

代码清单 2-17

```
sudo service influxdb start
```

2. 通过 rpm 软件包管理器安装 InfluxDB

RedHat 和 CentOS 是同一家公司研发的，RedHat 是 CentOS 的商业版本。rpm 是 RedHat & CentOS 上的软件安装包，InfluxDB 的 rpm 包下载地址如代码清单 2-18 所示。

代码清单 2-18

```
wget https://dl.influxdata.com/influxdb/releases/influxdb2-2.0.6.x86_64.rpm
```

通过 yum localinstall 命令可以安装本地 rpm 软件包，如代码清单 2-19 所示。

代码清单 2-19

```
sudo yum localinstall influxdb2-2.0.6.x86_64.rpm -y
```

安装完成后，可以通过 service influxdb start 命令启动服务，如代码清单 2-20 所示。

代码清单 2-20

```
sudo service influxdb start
```

执行后显示代码清单 2-21 所示的内容。

代码清单 2-21

```
Redirecting to /bin/systemctl start influxdb.service
```

也可以通过 service influxdb stop 命令，停止服务，如代码清单 2-22 所示。

代码清单 2-22

```
sudo service influxdb stop
```

还可以通过 service influxdb status 命令，查看服务的状态，如代码清单 2-23 所示。

代码清单 2-23

```
sudo service influxdb status
```

2.1.4　在 Windows 系统中安装 InfluxDB

InfluxDB 最好安装在 Linux 系统上，但是如果是 Windows 系统，用于学习目的，可以下载 Windows 版安装包，这里下载 2.0.7 版，如图 2-2 所示。下载地址是 https://dl.influxdata.com/influxdb/releases/influxdb2-2.0.6-windows-amd64.zip。

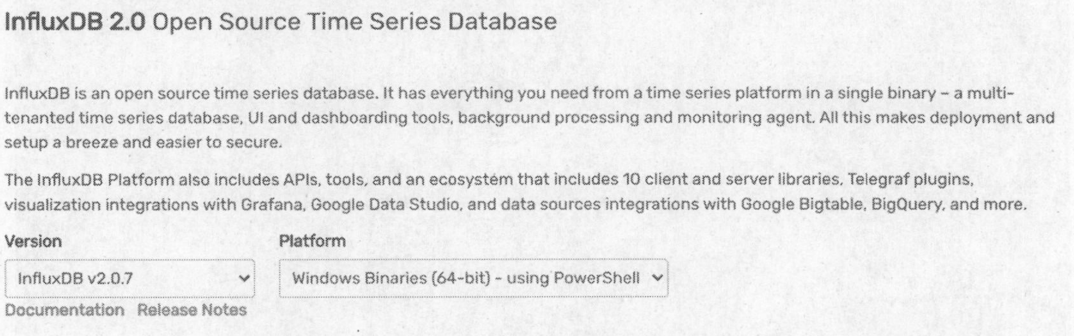

图 2-2　InfluxDB Windows 版下载界面

Windows 版的 InfluxDB 是一个绿色包，直接解压即可，将 InfluxDB 解压到某个目录下，如图 2-3 所示。

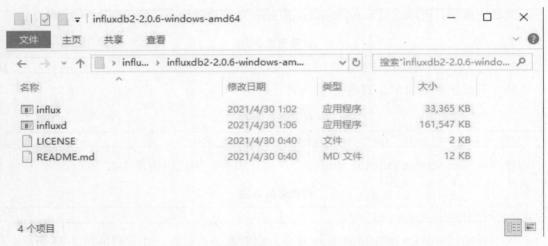

图 2-3 解压后的目录

influxd.exe 是 InfluxDB 服务程序，在 cmd 命令行中执行该文件即可，如图 2-4 所示。

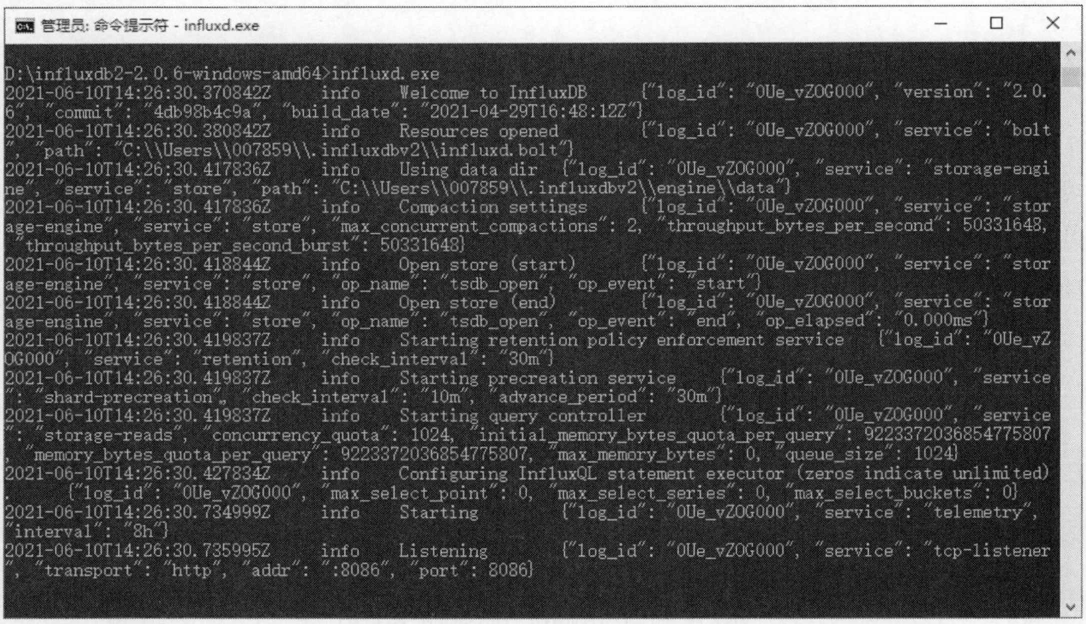

图 2-4 influxd.exe 运行效果

influx.exe 是命令行工具，也需要在 cmd 命令行中启动。

2.1.5 在 macOS 系统中安装 InfluxDB

在 macOS 系统中可以通过二进制包和 brew 包管理器来安装 InfluxDB。

1. 通过二进制包安装 InfluxDB

从 InfluxDB 官 网（https://dl.influxdata.com/influxdb/releases/influxdb2-2.0.6-darwinamd64.tar.gz）下载 influxdb2-2.0.6-darwin-amd64.tar.gz 安装包，安装包大小约 108M。

下载完成后，将文件复制到某个文件夹，文件夹路径最好不要带中文，然后解压，可以使用解压工具解压，或者通过命令解压，如代码清单 2-24 所示。

代码清单 2-24

```
tar zxvf influxdb2-2.0.6-darwin-amd64.tar.gz
```

解压完成后的文件如图 2-5 所示。

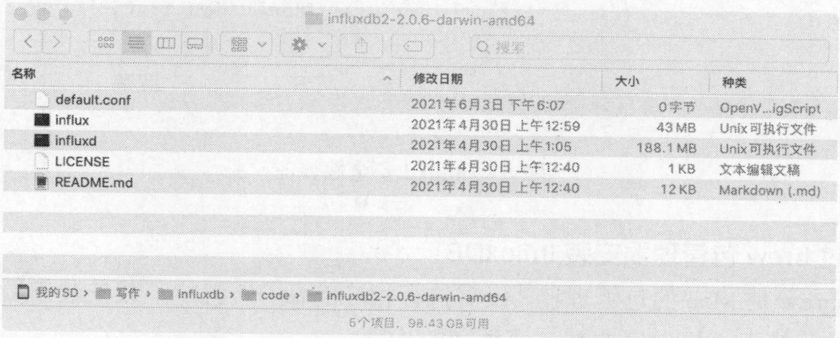

图 2-5　InfluxDB 安装包解压后的效果

influxd 是 InfluxDB 服务程序，在命令行执行该程序，可能会出现未验证程序无法启动的问题，需要到"安全性与隐私"界面去设置，单击"仍要打开"，程序即可正常打开，如图 2-6 所示。

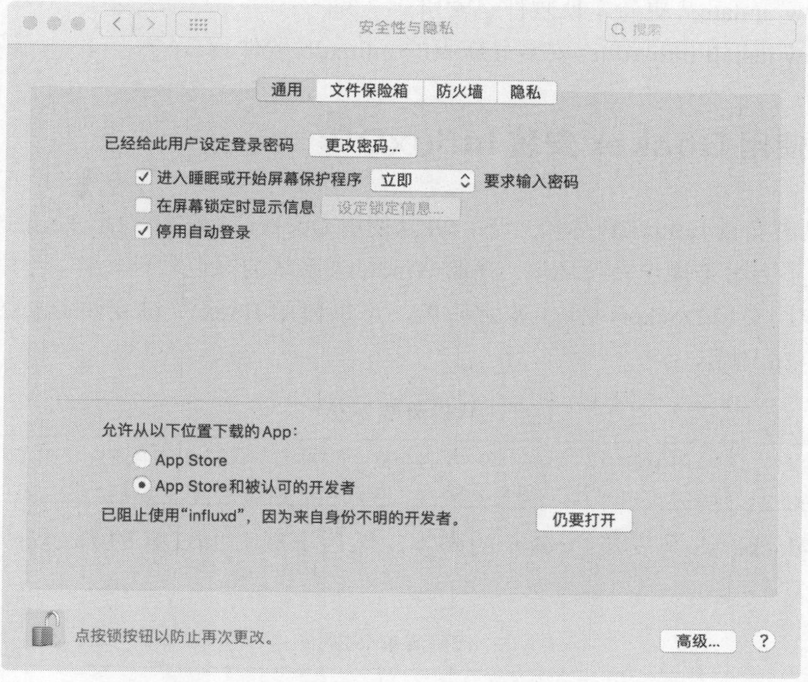

图 2-6　influxd 安全性设置

在弹出的提示中再次单击"打开",即可确定该程序是安全的,如图 2-7 所示。

图 2-7　influxd 安全性验证

2. 通过 brew 包管理器安装 InfluxDB

Homebrew 是 Mac 的包管理器,仅需执行相应的命令,就能下载安装需要的软件包,省略了下载、解压、拖曳(安装)等烦琐的步骤。

通过 brew 命令安装 InfluxDB,代码如代码清单 2-25 所示。

代码清单 2-25

```
brew update
brew install influxdb
```

- brew update:更新本地软件包索引。
- brew install influxdb:安装最新版的 influxdb 软件。

2.1.6　使用 Docker 安装 InfluxDB

如果只想安装 InfluxDB 体验一下,可以使用 Docker 来安装,Docker 的优势是简单易用,而且不会污染操作系统环境,就像 Windows 系统的绿色软件一样,不用写注册表。

第一步,安装 Docker,操作非常简单,可以使用 linux 一键安装 Docker 脚本,如代码清单 2-26 所示。

代码清单 2-26

```
wget http://hellodemos.com/download/script-litte-prince/app/install-docker.sh -O /root/install-docker.sh && sh /root/install-docker.sh
```

install-docker.sh 是安装 Docker 的脚本,然后下载 InfluxDB 的 Docker 镜像,如代码清单 2-27 所示。

代码清单 2-27

```
docker pull influxdb:2.0.6
```

这样 InfluxDB 就安装好了。

通过 Docker 命令运行 InfluxDB，如代码清单 2-28 所示。

代码清单 2-28
```
docker run -d -p 8083:8083 -p 8086:8086 --name my-influxdb influxdb
```

其中各个选项的含义如下。
- docker run：运行 Docker 镜像。
- -d：后台运行容器，并返回容器 ID。
- -p 8083:8083：将容器的 8083 端口映射到主机的 8083 端口。
- -p 8086:8086：将容器的 8086 端口映射到主机的 8086 端口。
- --name my-influxdb：容器指定一个名称，为 my-influxdb。
- influxdb：启动 influxdb 镜像。

启动成功后，可以通过 telnet 来查看端口是否启动成功。

2.1.7　InfluxDB 的端口设置

InfluxDB 通过端口和外部通信，默认使用以下 2 个端口。
- 8086：用于客户端和服务端交互的 HTTP API 端口。
- 8088：用于提供备份和恢复的 RPC 服务端口。

一般来说，为了让应用服务访问到 InfluxDB，需要打开这 2 个端口。如果使用的是类似阿里云、华为云这样的云服务器，那么只需要在云服务器的安全组中进行设置，再打开这 2 个端口就可以了；如果是自己安装的服务器或者虚拟机，那么需要执行代码清单 2-29 所示的防火墙命令，再打开这 2 个端口。

代码清单 2-29
```
sudo iptables -I INPUT 1 -p tcp --dport 8086 -j ACCEPT
```

2.1.8　InfluxDB 程序的使用

InfluxDB 软件包解压后，各个目录及文件如下。
- etc：配置主目录。
- etc/influxdb：配置文件目录。
- etc/influxdb/influxdb.conf：配置文件。
- etc/logrotate.d：管理日志文件夹。
- user：用户目录。
- usr/bin：可执行文件目录。
- usr/bin/influx：InfluxDB 的命令行程序。
- usr/bin/influxd：InfluxDB 的服务器程序。
- usr/bin/influx_inspect：探测程序。

● usr/bin/influx_stress：InfluxDB 的压力测试程序。

接下来，对主要的几个可执行程序进行介绍。

1. influxd 服务程序

influxd 是一个守护进程，是 InfluxDB 的服务器程序，客户端就是和这个程序交互的。influxd 完成了 InfluxDB 时序数据库的主要操作，数据库的增删改查都是 influxd 程序处理的。

一般来说，可以通过 influxd 程序直接启动 InfluxDB，如代码清单 2-30 所示。

代码清单 2-30

```
influxd
```

influxd 程序可以带很多参数，使用 influxd help 可以查看 influxd 的帮助，如代码清单 2-31 所示。

代码清单 2-31

```
[root@ecs-3f37-0001 ~]# influxd help

        Start up the daemon configured with flags/env vars/config file.

        The order of precedence for config options are as follows (1
highest, 3 lowest):
                1. flags
                2. env vars
                3. config file

         A config file can be provided via the INFLUXD_CONFIG_PATH env
var. If a file is
          not provided via an env var, influxd will look in the current
directory for a
           config.{json|toml|yaml|yml} file. If one does not exist, then it
will continue unchanged.

Usage:
  influxd [flags]
  influxd [command]
```

influxd 是时序数据的主服务程序，可以接受很多配置信息，配置信息可以由 3 种方式传入，其优先级如下。

（1）flags：直接通过在 influxd 后添加 flags 来实现。

（2）env vars：通过环境变量来提供配置参数。

（3）config file：通过配置文件来提供配置参数。

config file 配置文件的路径是通过环境变量 INFLUXD_CONFIG_PATH 提供的，如果没有通过环境变量提供配置文件，influxd 程序会在当前目录查看配置文件

config，config 的后缀可以是 .json、.toml、.yaml 和 .yml，这表示配置文件支持多种格式。

从帮助提示中，可以发现 influxd 支持两种语法，如代码清单 2-32 所示。

代码清单 2-32

```
influxd [flags]
influxd [command]
```

2. influxd 的 command 命令

command 表示 influxd 支持的命令，各个命令及作用见表 2-2。

表 2-2　influxd 的 command 命令

命令	作用
inspect	检查磁盘上的数据库数据
print-config	打印当前环境的完整 influxd 配置
run	启动 influxd 服务器（默认），不带这个参数，就是默认值
upgrade	将 InfluxDB 的 1.x 版本升级到 2.0 版本
version	输出当前版本的 InfluxDB

直接在 influxd 后加入这些命令就可以了。查看版本信息的操作，如代码清单 2-33 所示。

代码清单 2-33

```
[root@ecs-3f37-0001 ~]# influxd version
InfluxDB 2.0.6 (git: 4db98b4c9a) build_date: 2021-04-29T16:48:12Z
```

使用 print-config 命令打印当前环境配置信息的操作，如代码清单 2-34 所示。

代码清单 2-34

```
[root@ecs-3f37-0001 ~]# influxd print-config
assets-path: ""
bolt-path: /root/.influxdbv2/influxd.bolt
e2e-testing: false
engine-path: /root/.influxdbv2/engine
feature-flags: {}
http-bind-address: :8086
http-idle-timeout: 3m0s
http-read-header-timeout: 10
......
```

可以通过 influxd inspect -h 查看 influxd inspect 命令的具体使用方法，如代码清单 2-35 所示。

代码清单 2-35

```
[root@ecs-3f37-0001 ~]# influxd inspect -h
Commands for inspecting on-disk database data
```

```
Usage:
  influxd inspect [flags]
  influxd inspect [command]

Available Commands:
  export-index Exports TSI index data
  export-lp    Export TSM data as line protocol

Flags:
  -h, --help    help for inspect

Use "influxd inspect [command] --help" for more information about a
command.
```

influxd inspect 之后可接 flags 和 command。flags 一般是标记输出或设置一些信息，command 一般是执行一些需要一定时间的任务。

这里的 flags 有两个参数 -h 和 --help，表示获取帮助的意思。

command 有两个参数 export-index 和 export-lp，分别是导出 TSI 索引数据和 TSM 行协议数据。如需要进一步了解 export-index 怎么使用，可以使用 influxd inspect export-index -h 命令查看帮助，如代码清单 2-36 所示。

代码清单 2-36

```
[root@ecs-3f37-0001 ~]# influxd inspect export-index -h

This command will export all series in a TSI index to
SQL format for easier inspection and debugging.

Usage:
  influxd inspect export-index [flags]

Flags:
  -h, --help               help for export-index
      --index-path string    Path to the index directory of the data
engine
      --series-path string   Path to series file
```

从帮助中可以看出 influxd inspect export-index 命令可以导出一个 TSI 索引文件到 SQL 文件中，便于查看和调试。可以使用 influxd inspect export-index --index-path ./ --series-path ./ 命令导出序列文件到当前目录中，如代码清单 2-37 所示。

代码清单 2-37

```
[root@ecs-3f37-0001 ~]# influxd inspect export-index --index-path ./
--series-path ./
CREATE TABLE IF NOT EXISTS measurement_series (
        name         TEXT NOT NULL,
```

```
        series_id INTEGER NOT NULL
);

CREATE TABLE IF NOT EXISTS tag_value_series (
        name        TEXT NOT NULL,
        key         TEXT NOT NULL,
        value       TEXT NOT NULL,
        series_id INTEGER NOT NULL
);

BEGIN TRANSACTION;
COMMIT;
```

3. influxd 的 flags 标志

influxd 的 flags 标志主要用于设置一些 influxd 的变量，flags 的功能非常丰富，有多个变量，如表 2-3 所示。

表 2-3　influxd 的 flags 标志

flags	描述
--assets-path	资产目录
--bolt-path	设置 BoltDB 数据库的路径。BoltDB 是一个用 Go 语言编写的键值存储数据库。InfluxDB 使用 BoltDB 存储数据，包括组织和用户信息、UI 数据、REST 资源和其他关键值数据
--e2e-testing	—
--engine-path string	设置引擎的路径
--http-bind-address	设置 influxd 服务的端口，默认是 8086，可以设置为其他端口，命令为 influxd --http-bind-address :8087
--http-idle-timeout duration	设置 http 最大保存连接的时间，设置 0 到无超时时间，默认值是 3m0s。如 influxd --http-idle-timeout 4m0s
--http-read-header-timeout duration	服务器尝试读取新的请求的 HTTP 头的最大超时时间，设置为 0 表示不超时。如 influxd --http-read-header-timeout 4m0s
--http-read-timeout duration	服务获取新的请求，从新的请求中获取数据的最大超时时间，设置为 0 表示不超时。influxd --http-read-timeout 4m0s
--http-write-timeout duration	服务器返回数据的超时时间，设置为 0 表示不超时。influxd --http-write-timeout 4m0s
--influxql-max-select-buckets int	SELECT 可以创建的按时间桶分组的最大数量。设置为 0 表示不受限制
--influxql-max-select-point int	一个 SELECT 可以处理的最大点数。值为 0 将使最大点数无限。它只会每秒检查一次，因此查询不会在达到限制时立即中止
--influxql-max-select-series int	SELECT 可以查询的最大序列数量，设置为 0 表示不受限制
--log-level Log-Level	设置日志的等级，Log-Level 等级支持 debug、info 和 error（默认是 info）
--metrics-disabled	禁用从 http 导出性能指标，如 influxd --metrics-disabled

flags	描述
--nats-max-payload-bytes int	NATS 消息有效负载中允许的最大字节数 (默认 1048576)
--nats-port int	NATS 流服务器需要绑定的端口。值为 -1 将导致选择一个随机端口 (默认为 1)
--no-tasks	禁用任务调度
--pprof-disabled	不要通过 HTTP 公开调试信息
--query-concurrency int32	允许并发执行的查询数。设置为 0 允许无限数量的并发查询 (默认 1024)
--query-initial-memory-bytes int	启动查询时为查询分配的内存字节数。如果没有设置，则将使用 query-memory-bytes
--query-max-memory-bytes int	用于查询的最大内存量
--query-memory-bytes int	一个查询平时允许使用的内存大小
--query-queue-size int32	允许的最大查询的数量，默认为 1024
--reporting-disabled	不允许将一些统计数据发送到 https://telemetry.influxdata.com
--secret-store string	数据存储的密钥
--session-length int	创建会话的 TTL 分钟数 (默认 60)
--session-renew-disabled	—
--storage-cache-max-memory-size Size	一个分片的缓存可以达到的最大大小 (默认 1.0GB)
--storage-cache-snapshot-memory-size Size	—
--storage-cache-snapshot-write-cold-duration Duration	如果分片没有收到写或删除操作，引擎将对缓存进行快照并将其写入新的 TSM 文件的最大时间长度 (默认 10 m0s)
--storage-compact-full-write-cold-duration Duration	如果引擎没有收到写或删操作，一旦超过这个时间，引擎将压缩分片中的所有 TSM 文件 (默认 4 h0m0s)
--storage-compact-throughput-burst Size	允许 TSM 压缩写入磁盘的速率 (以每秒字节为单位)，不能大于这个磁盘写入速度 (默认 48 MB)
--storage-max-concurrent-compactions int	同一时刻可运行的压缩数量
--storage-max-index-log-file-size Size	—
--storage-retention-check-interval Duration	保留策略强制检查运行的时间间隔 (默认 30m0s)
--storage-series-file-max-concurrent-snapshot-compactions int	同一时刻，可以跨不同分区进行压缩的进程数量
--storage-series-id-set-cache-size int	TSI 索引中用于存储先前计算的序列结果的内部缓存的大小
--storage-shard-precreator-advance-period Duration	—
--storage-shard-precreator-check-interval Duration	检查预创建分片的时间
--storage-tsm-use-madv-willneed	是否对 TSM 文件进行分页
--storage-validate-keys	写入的时候验证 key 是否有效的字符集

续表

flags	描述
--storage-wal-fsync-delay Duration	写入同步之前等待的时间量
--store string	—
--testing-always-allow-setup	—
--tls-cert string	https 的证书路径
--tls-key string	证书密钥
--tls-min-version string	tls 的最小版本，默认是 1.2
--tls-strict-ciphers	加密算法类型
--tracing-type string	追踪的类型
--vault-addr string	vault 服务器的地址和端口，如 https://127.0.0.1:8200/

这些 flags 在实际使用 InfluxDB 中有特殊的用处，这里对几个主要参数做一些讲解，其他参数的解释，可以参考官网的说明 https://docs.influxdata.com/influxdb/v2.0/reference/config-options/。

2.1.9　InfluxDB 的配置详解

作为一个强大的时序数据库，InfluxDB 拥有很多不同的配置，不同的使用场景下，可以通过设置不同的配置实现不同的功能，从而实现 InfluxDB 的柔性使用。InfluxDB 的配置文件用于对 InfluxDB 进行配置。

当 influxd 启动时，会在当前工作目录下检查一个文件名为 config.* 的配置文件。文件扩展名取决于配置文件使用的语法。InfluxDB 配置文件目前支持以下语法：

- YAML (.yaml, .yml)。YAML 是"YAML Ain't a Markup Language（YAML 不是一种标记语言）"的缩写。在开发这种语言时，YAML 的意思其实是"Yet Another Markup Language（仍是一种标记语言）"。
- TOML (.toml)。TOML 是前 GitHub 的 CEO Tom Preston-Werner 于 2013 年创建的语言，其目标是成为一个小规模的易于使用的语义化配置文件格式。TOML 被设计为可以无二义性地转换为一个哈希表 (Hash table)。
- JSON (.json)。JSON(JavaScript Object Notation, JS 对象简谱) 是一种轻量级的数据交换格式。它基于 ECMAScript（欧洲计算机协会制定的 JS 规范）的一个子集，采用完全独立于编程语言的文本格式来存储和表示数据。简洁和清晰的层次结构使得 JSON 成为理想的数据交换语言。易于阅读和编写，同时也易于机器解析和生成，并有效地提升网络传输效率。

要自定义配置文件的目录路径，请将 INFLUXD_CONFIG_PATH 环境变量设置为自定义路径，如代码清单 2-38 所示。

代码清单 2-38

```
export INFLUXD_CONFIG_PATH=/path/to/custom/config/directory
```

可以通过 influxd config > influxd.config 导出默认的配置选项，如代码清单 2-39 所示。

代码清单 2-39

```
influxd config > influxd.config
```

打开 influxd.config 文件，部分配置选项如代码清单 2-40 所示。

代码清单 2-40

```
reporting-enabled = false
bind-address = ":8088"

[meta]
  enabled = true
  dir = "/root/.influxdb/meta"
  bind-address = ":8088"
  http-bind-address = ":8091"

[data]
  enabled = true
  dir = "/root/.influxdb/data"
  engine = "tsm1"
......
```

除了通过配置文件对 InfluxDB 进行设置，还可以在启动 influxd 服务的时候，动态设置 InfluxDB 的配置。

为了更深入理解 InfluxDB 的常用配置，下面来看一下这些配置的含义。influxdb.conf 中一般分为全局信息配置区、meta 元数据配置区、data 数据存储相关配置区、集群配置区、保留策略 (retention) 配置区等。

1. 全局信息配置区

全局信息配置区，用于配置 InfluxDB 的一些全局信息，如代码清单 2-41 所示。

代码清单 2-41

```
# 是否每 24 小时向 m.influxdb.com 服务器发送一次匿名信息，这些信息中包括操作系统名、体
系架构、InfluxDB 版本信息等。主要用于统计 InfluxDB 的使用量及版本分布等。如果不允许上传，
可以设置为 false
reporting-enabled = false
# 一般情况下，会自动获取 hosts 文件中的主机名，如果不能获取，将使用这个选项作为主机名
hostname = "localhost"
```

2. meta 元数据配置区

meta 元数据信息，用于集群信息的配置，一般情况下，没有使用集群，所以大致了解一下就可以，如代码清单 2-42 所示。

代码清单 2-42

```
[meta]
  # 此节点是否应该运行元服务，并参与 Raft 选举，为 true 表示是集群中的一个节点
  enabled = true

  # 集群 meta 元数据存储的目录
  dir = "/var/lib/influxdb/meta"

  bind-address = ":8088"
  # 用于控制默认存储策略，数据库创建时，为 true 时，会自动生成 autogen 的存储策略
  retention-autocreate = true
  # 集群的选举超时设置为 1 秒
  election-timeout = "1s"
  # 心跳超时设置为 1 秒
  heartbeat-timeout = "1s"
  #
  leader-lease-timeout = "500ms"
  # 提交超时被设置为 50 毫秒
  commit-timeout = "50ms"
  cluster-tracing = false
```

控制 InfluxDB 的实际分片数据存在的位置以及如何从 WAL 中刷新数据。"dir" 可能需要更改到适合当前系统的位置，但 WAL 设置是一种高级配置。默认值应该适用于大多数系统。

3. data 数据存储相关配置区

数据写入、压缩等相关配置，如代码清单 2-43 所示。

代码清单 2-43

```
[data]
  # Controls if this node holds time series data shards in the cluster
  enabled = true
  # 最终数据（TSM 文件）的存储目录
  dir = "/var/lib/influxdb/data"

  # The following WAL settings are for the b1 storage engine used in 0.9.2. They won't
  # apply to any new shards created after upgrading to a version > 0.9.3.
  #
  max-wal-size = 104857600 # Maximum size the WAL can reach before a flush. Defaults to 100MB.
  #
wal-flush-interval = "10m" # Maximum time data can sit in WAL before a flush.
```

```
    wal-partition-flush-delay = "2s" # The delay time between each WAL
partition being flushed.
    # 预写日志的存储目录，这个目录中会有一些子目录，子目录中会有后缀为 .wal 的预写日志
文件
    wal-dir = "/var/lib/influxdb/wal"
    # 预写日志模块是否打开
    wal-logging-enabled = true
    #
    data-logging-enabled = true

    # 当在内存中的 WAL 日志数据大于 25600 字节时，就必须刷入磁盘中
    # wal-ready-series-size = 25600

    # 当超过 wal-ready-series-size 的 60% 时，达到刷入磁盘的阈值
    # wal-compaction-threshold = 0.6

    # 如果分区中任何序列的字节数超过此大小，则强制刷新和压缩
    # wal-max-series-size = 2097152

    # 如果在这段时间内没有写操作，则强制刷新所有序列数据到磁盘中，并进行压缩
    # wal-flush-cold-interval = "10m"
    # 如果分区达到这个字节大小，则强制该分区刷新
    # wal-partition-size-threshold = 20971520

    # 是否开启 tsm 引擎查询日志，默认值为 true，开启后，如果出错，对排错很有帮助。缺点
是查询的内容可以被看到，没有保密可言
    # query-log-enabled = true

    # 用于限定 shard 最大值，大于该值时会拒绝写入，默认值为 512MB，单位为 byte
    # cache-max-memory-size = 524288000

    # 缓存快照的大小
    # cache-snapshot-memory-size = 26214400

    # 缓存写入磁盘的最大时间
    # cache-snapshot-write-cold-duration = "1h"

    # tms 文件需要大于或等于 3 个，才会启动压缩程序
    # compact-min-file-count = 3

    # 该时间内没有获取写信息，就开始压缩写
    # compact-full-write-cold-duration = "24h"
    # TSM 文件中编码块中的最大点数。更大的数字可能产生更好的压缩，但在查询时可能导致性
能损失
    # max-points-per-block = 1000
```

这里有一个 WAL（Write Ahead Log）的概念，WAL 的主要意思是在将元数据的变更操作写入磁盘之前，先预先写入一个 Log 文件中。WAL 主要是用于提高性能而设计的。提高性能的原理是顺序写入磁盘的速度远远大于随机写入磁盘的速度。先把变更操作写入一个顺序写的 Log 文件中，随后再写入不连续的存储元数据的磁盘块中。这样 Log 就相当于一个缓冲区，能大大提高写入的速率。

4. 保留策略配置区

保留策略表示数据默认在数据库中可以保存的时间，一旦超过这个时间，那么历史数据将会被删除。这是为了节省存储空间而设计的，如代码清单 2-44 所示。

代码清单 2-44

```
[retention]
  # 是否需要开启保留策略功能，默认为 true，关于保留策略，有专门的一章会讲到
  enabled = true
  # 检查时间间隔，默认值 为 "30m"
  check-interval = "30m"
```

5. 分片相关配置

shard-precreation 用于集群中的分片设置，如代码清单 2-45 所示。

代码清单 2-45

```
[shard-precreation]
  # 是否启用该模块，默认值为 true
  enabled = true
  # 检查时间间隔，默认值为 "10m"
  check-interval = "10m"
  # 预创建分区的最大提前时间，默认值为 "30m"
  advance-period = "30m"
```

6. 监控系统 monitor 相关配置

monitor 控制 InfluxDB 自有的监控系统，如代码清单 2-46 所示。默认情况下，InfluxDB 把这些数据写入 _internal 数据库，如果该库不存在则自动创建。_internal 库默认的保留策略是 7 天。

代码清单 2-46

```
[monitor]
  # 是否使用内部统计监控模块
  store-enabled = true
  # 统计信息存储在 _internal 数据库中
  store-database = "_internal"
  # 每隔 10 秒记录一次统计信息
  store-interval = "10s" # The interval at which to record statistics
```

InfluxDB 非常适合作为监控系统使用，例如监控 CPU 使用率。CPU 使用率是一个时序数据，横坐标是时间，纵坐标是 CPU 使用率，如图 2-8 所示。

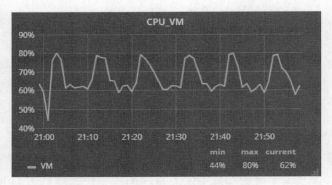

图 2-8　CPU 使用率监控

7. admin web 管理页面相关配置

admin web 用于 InfluxDB 的管理页面设置，如代码清单 2-47 所示。

代码清单 2-47

```
[admin]
  # 是否启用该模块，默认值为 false
  enabled = true
  # 默认服务的端口是 8083
  bind-address = ":8083"
  # 是否开启 https ，默认值为 false, https 是安全连接
  https-enabled = false
  # 如果使用 https，那么使用 "/etc/ssl/influxdb.pem"https 证书
  https-certificate = "/etc/ssl/influxdb.pem"
```

8. http api 相关配置

访问 InfluxDB 可以使用 http 接口，[http] 配置部分就是用来设置 http 接口参数的，如代码清单 2-48 所示。

代码清单 2-48

```
[http]
  # 是否开始 http 模块，默认值为 true
  enabled = true
  # 默认 http 提供服务的端口是 8086
  bind-address = ":8086"
  # 是否开启认证，默认值为 false
  auth-enabled = false
  # 是否开启日志，默认值为 true
  log-enabled = true
  # 是否开启写操作日志，如果设置成 true, 每一次写操作都会有日志，默认值为 false
  write-tracing = false
  # 是否开启 pprof，默认值为 true
  pprof-enabled = false
```

```
# 是否开启 https，默认值为 false，开启 https 会更安全
https-enabled = false
# 如果使用 https，那么使用 "/etc/ssl/influxdb.pem"https 证书
https-certificate = "/etc/ssl/influxdb.pem"
```

2.2　小结

　　本章主要讲解了 InfluxDB 在各个操作系统中的安装，同时也介绍了在目前流行的 Docker 环境中启动 InfluxDB，Docker 环境可以方便大家学习，基本是下载完即可使用。后面又介绍了 InfluxDB 的目录结构及目录中各文件的含义，最后对 InfluxDB 配置文件进行了详细说明。学完本章，即可在不同环境中安装 InfluxDB。InfluxDB 的配置文件较为复杂，需要多实践，才能知道每个选项的意义，很多配置项不常用，但是很有必要掌握。

第 3 章
InfluxDB UI 数据可视化

通过上一章的学习，知道了如何安装并启动 InfluxDB，那么在启动之后如何使用 InfluxDB 呢？InfluxDB 提供了两类工具：一类是基于命令行的客户端工具，不带有对用户友好的可视化界面；另一类是带用户界面的可视化工具。InfluxDB 官方提供了两种可视化工具：InfluxDB UI 和 Chronograf，本章会依次对其进行详细的介绍。通过本章的学习，将了解到：

- InfluxDB UI 的使用方法。
- Chronograf 的使用方法。

3.1 InfluxDB UI

InfluxDB UI 是 InfluxDB 自带的一种用户界面服务，可以通过访问该接口服务来实现数据的可视化。

3.1.1 安装配置

InfluxDB UI 不需要单独安装，在安装好 InfluxDB 后就可以使用，以 Windows 系统为例，在 InfluxDB 安装目录下通过 CMD 运行 influxd.exe，启动 InfluxDB 服务，然后直接在浏览器访问 127.0.0.1：8086，就会出现如图 3-1 所示的欢迎页面。

图 3-1　InfluxDB UI 欢迎页面

单击"Get Started"按钮后，会出现如图 3-2 所示的页面，按要求输入"Username""Password""Confirm Password""Organization Name""Bucket Name"后，单击"Continue"按钮即可创建一个初始用户。

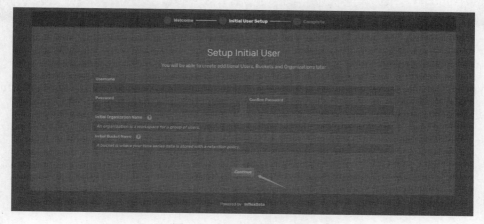

图 3-2　创建初始用户页面

接着会出现如图 3-3 所示的配置页面，这里选择"Quick Start"。

图 3-3　InfluxDB UI 配置页面

接着可以看到如图 3-4 所示的 InfluxDB UI 主页面。

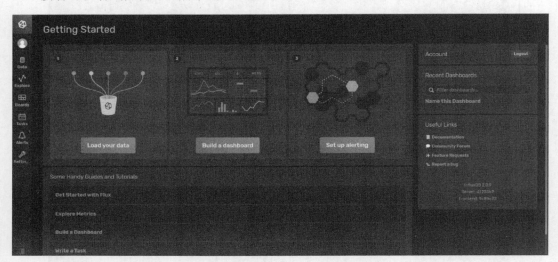

图 3-4　InfluxDB UI 主页面

以上步骤是首次使用 InfluxDB UI 才会有的，如果已经创建好初始用户，访问 127.0.0.1：8086 时就会出现如图 3-5 所示的页面，输入用户名和密码后单击"Sign In"，也能进入如图 3-4 所示的主页面。

图 3-5　InfluxDB UI 登录页面

3.1.2　常用功能介绍

下面介绍 InfluxDB UI 中常用的一些功能，包括 Dashboard、Data Explore、Labels 等，会涉及 InfluxDB 的许多概念，这些概念会从第 4 章开始详细讲解。

1. 管理 Dashboard（仪表板）

在图 3-4 左侧的导航菜单中，找到 Boards。

单击右上角的"Create Dashboard"菜单，这里有两种方式：创建一个新的仪表板"new Dashboard"或导入仪表板"Import Dashboard"，根据自己的需要进行选择。

首先介绍创建新的仪表板的方式：单击"new Dashboard"，然后单击右上角"Add Cell"（一个仪表板可包含多个单元格），创建好的单元格如图 3-6 所示。

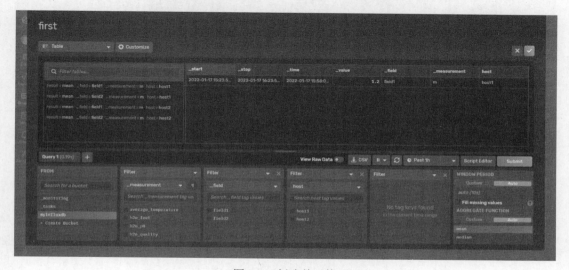

图 3-6　创建单元格

单元格的左上角的"first"是这个单元格的名字，可以填写自己喜欢的名字；下面的"FROM"和"Filter"是指需要显示 myInfluxDB 数据库中的哪张表、哪些 field、哪些 tag，可以随意选择，其实这里是执行一个查询，自定义查询可以单击"Script Editor"，然后编写自定义代码即可。选择完成后单击"Submit"按钮，将选择的需要显示的信息以左上角的 Table 样式显示。这里提供了很多种样式，选择自己喜欢的即可。单击右上角的"√"按钮，即可成功创建一个单元格。然后给仪表板取一个名字，一个基本的仪表板就创建成功了，如图 3-7 所示。

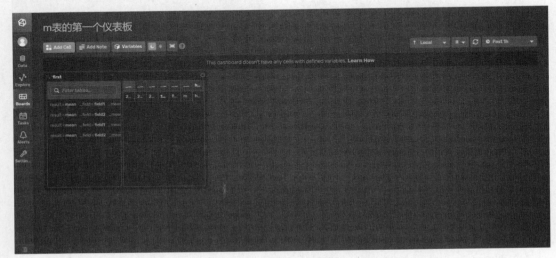

图 3-7　创建仪表板

接下来介绍导入仪表板的方式。选择 Import Dashboard，支持以两种形式导入：选择"Upload File"拖放或选择文件、选择"Paste JSON"粘贴 JSON，如图 3-8 所示。

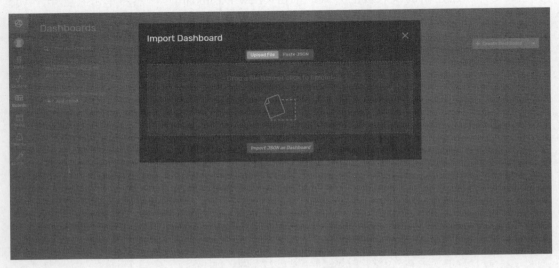

图 3-8　导入仪表板

在 Boards 页面可以导出或删除仪表板，如图 3-9 所示。

图 3-9　导出、删除仪表板

2. 管理 Variable（变量）

在左侧的导航菜单中，找到 Explore。

将右下角"Query Builder"切换成"Script Editor"，效果如图 3-10 所示。

图 3-10　创建变量 1

单击右上角的"Save As"，选择"Variable"，给变量取一个名字为 v1，效果如图 3-11 所示。

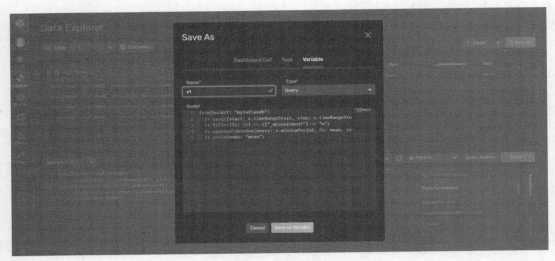

图 3-11　创建变量 2

- 单击"Save as Variable"创建变量，在左侧的导航菜单中，单击"Settings"可对 v1 变量进行查看和修改，如图 3-12 所示。

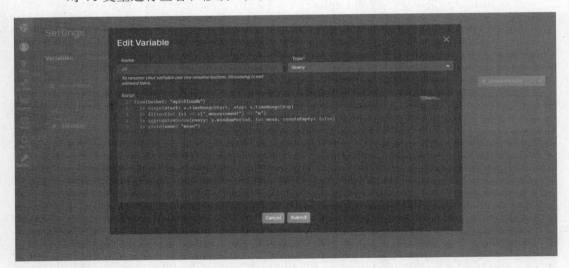

图 3-12　查看、修改变量

还可以在 Settings 页面导出或删除变量，另外 Settings 页面的右上角也是可以创建变量的，如图 3-13 所示。

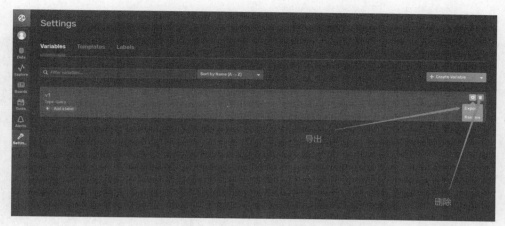

图 3-13　导出、删除变量

变量的使用，如代码清单 3-1 所示。

代码清单 3-1

```
from(bucket: "telegraf")
|> range(start: v.timeRangeStart, stop: v.timeRangeStop)
|> filter(fn: (r) => r._measurement == "cpu" )
|> filter(fn: (r) => r._field == "usage_user" )
|> filter(fn: (r) => r.cpu == v.exampleVar)
```

上面代码中的 exampleVar 为一个变量，代码是对 cpu 这张表执行这个变量的功能，就相当于对这个表进行过滤，得到一个结果然后显示。

3. 管理标签

标签作用：标签是一种将可视化元数据添加到 InfluxDB UI 中的仪表板、任务和其他项目的方法。

创建标签：在 Settings 页面上方找到 Labels 导航，单击"Create Label"按钮，自定义名字、描述、颜色，如图 3-14 所示。

图 3-14　创建标签

编辑、删除标签，如图 3-15 所示。

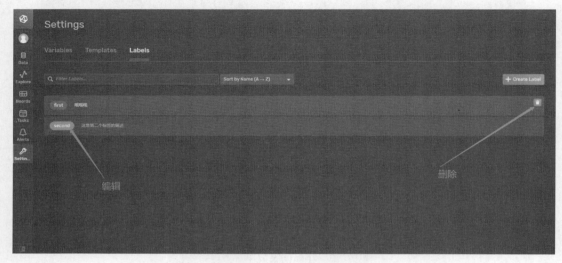

图 3-15　编辑、删除标签

标签的使用：在 Boards 页面中，在需要添加标签的仪表板左下角单击"Add a label"，如图 3-16 所示。

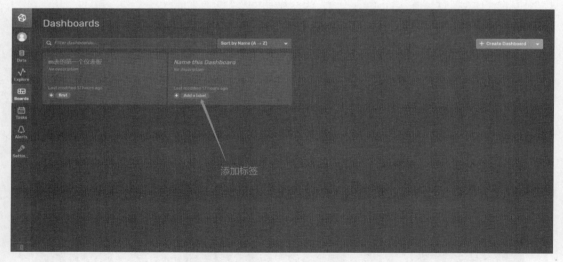

图 3-16　使用标签

4. 管理 Telegraf

Telegraf 是一个用来收集系统和服务的统计数据的代理程序，并可以将收集到的数据写入 InfluxDB。单击"Data"导航栏选择"Telegraf"，单击"Create Configuration"，配置一个 Telegraf 实例，如图 3-17 所示。

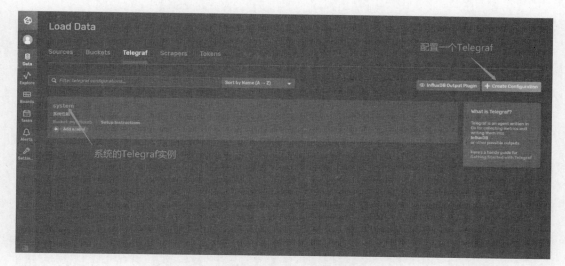

图 3-17　配置 Telegraf 实例

查看 Telegraf 采集的系统数据。单击"Explore"导航栏，就能看到 Telegraf 采集的相关信息，如图 3-18 所示。

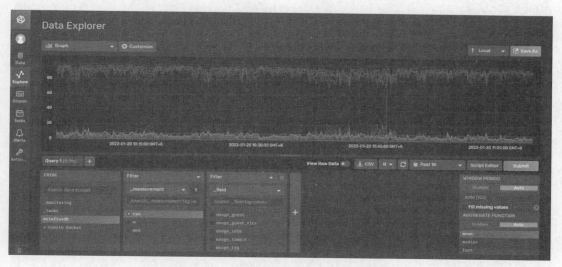

图 3-18　查看主机 CPU 情况

3.2　Chronograf

Chronograf 和 InfluxDB UI 一样，是 InfluxDB 官方提供的数据库可视化管理工具。它们功能类似，但 InfluxDB UI 无须安装，用于本地 InfluxDB 的管理。Chronograf 需要单独安装，可连接其他主机上的 InfluxDB 进行管理。Chronograf 除了拥有 InfluxDB UI 的功能外，还提供了丰富的监控告警功能。

3.2.1 安装配置

下面以 Windows 系统为例，首先在 InfluxDB 官网 https://dl.influxdata.com/chronograf/releases/chronograf-1.9.3_windows_amd64.zip 下载压缩包并解压，运行 Chronograf.exe，此时 Chronograf 已成功启动，打开浏览器访问 127.0.0.1：8888，可以看到如图 3-19 所示页面。

图 3-19　Chronograf 欢迎页面

单击"Get Started"，进入创建连接页面，如图 3-20 所示。

图 3-20　Chronograf 创建连接

因为本地下载的 InfluxDB 的版本为 2.0 版，所以开启 InfluxDB v2 Auth，即使用 InfluxDB 2.0 的方式进行连接（第 8 章会详细讲解）。图 3-20 中要填写的信息分别为数据库 Connection URL 服务地址、Connection Name（连接名）、Organization（组织）、

Token（令牌）、Telegraf Database Name（数据库名）、Default Retention Policy（保留策略）。其中 Token 可以从 InfluxDB UI 中获取，没有的话就创建一个，如图 3-21 所示。

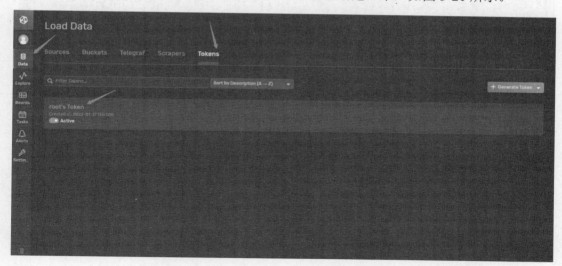

图 3-21　获取 Token

接下来单击"Add Connection"进入创建仪表板页面，这里需要连接 InfluxDB，选择 InfluxDB 即可，如图 3-22 所示。

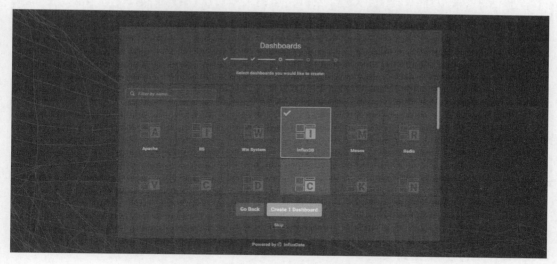

图 3-22　创建仪表板

单击"Create 1 Dashboard"，后面的 kapacitor 连接单击"skip"跳过即可。创建连接成功后如图 3-23 所示。

图 3-23　创建连接成功

单击"View All Connections",进入 Chronograf 可视化页面,如图 3-24 所示。

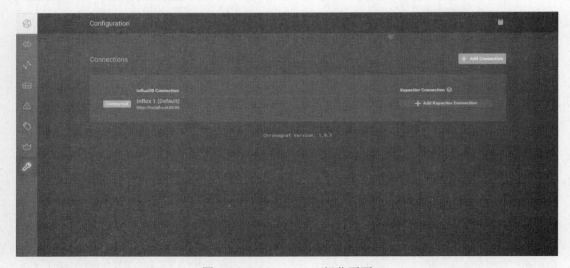

图 3-24　Chronograf 可视化页面

3.2.2　常用功能介绍

1. 数据可视化

通过使用 Data Explorer 构建查询来调查数据。

首先单击左侧导航栏的 Explore 图标,单击"Add a Query"按钮,如图 3-25 所示。

第3章 InfluxDB UI数据可视化

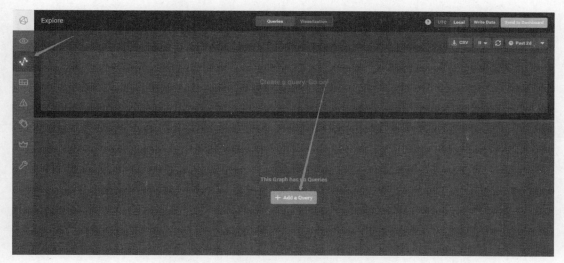

图 3-25 新增查询

选择要查询的连接，选择使用 InfluxQL 类 SQL 语言查询，自定义查询语句或选择自己需要的 InfluxQL 语句模板，单击"Submit Query"提交查询，如图 3-26 所示。

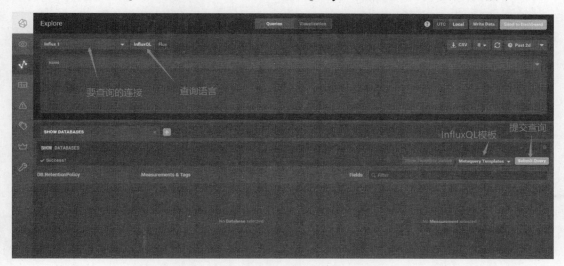

图 3-26 创建查询方式一

第二种查询方式是选择 Flux 脚本语言进行查询，单击"Script Wizard"生成语句或自行编写语句，单击"Run Script"执行语句，如图 3-27 所示。

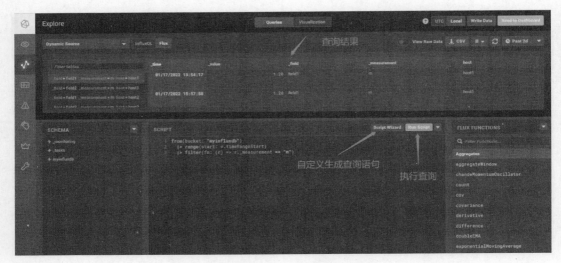

图 3-27 创建查询方式二

查询到数据后可以单击顶部的"Visualization",查看查询数据的可视化结果,如图 3-28 所示。

图 3-28 查询数据的可视化结果

将查询添加到仪表板。单击右上角的"Send to Dashboard",选择要发送到的仪表板或新建一个(可以选择多个),给单元格命名,然后单击"Send to Dashboard"进行发送,如图 3-29 所示。

发送成功后可以去 Dashboards 中查看。

图 3-29　发送查询到仪表板

2. 监控告警

Kapacitor 是一个用来处理、监控和告警时序数据的开源框架，Chronograf 为 Kapacitor 提供用户界面，用于创建告警、ETL 作业（运行提取、转换、加载）和检测数据中的异常。Chronograf 告警规则对应于在满足某些条件时触发告警的 Kapacitor 任务。这些任务以 TICKScripts 存储（https://docs.influxdata.com/kapacitor/v1.6/reference/spec/），可以手动或通过 Chronograf 进行编辑，也可以使用 Chronograf 管理常见的告警。下面主要介绍怎么配置告警和查看告警。

配置 Kapacitor：首先单击左侧导航栏"Alerting"目录下的"Manage Tasks"，然后单击"Configure Kapacitor"，如图 3-30 所示。

图 3-30　Chronograf 连接 Kapacitor

配置连接到 Kapacitor 后，就可以创建警报规则，使用 TICKScript 去编写 Kapacitor 任务，如图 3-31 所示。

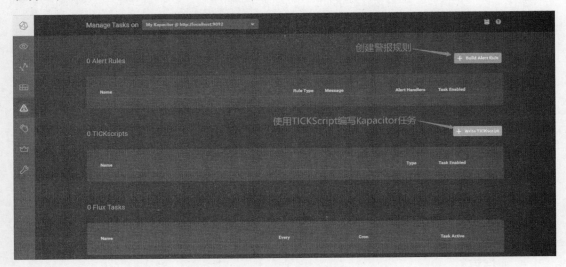

图 3-31　创建警报规则

怎么编写警报规则？首先给警报规则命名，选择警报类型，然后在 Time Series 中，选择要监控的数据库、测量值和字段。在测量中可以选择一个或多个标签，但是不需要选择特定的标签，另外除了每个标签之外，还可以为 group by 子句选择标签，再对此示例设置警报阈值，最后设置警报提示处和警报消息，如图 3-32 和图 3-33 所示。

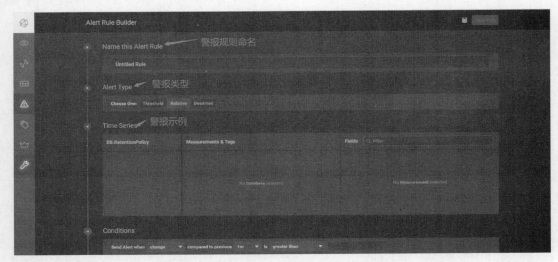

图 3-32　设置警报规则 1

图 3-33　设置警报规则 2

3. 基础设施监控

Chronograf 使用 InfluxDB OSS 实例中的 Telegraf 数据（Telegraf 可以自己采集系统数据）。图 3-34 所示的 Host List 页面显示数据节点的主机名、状态、CPU 使用率、负载及其配置的应用程序。

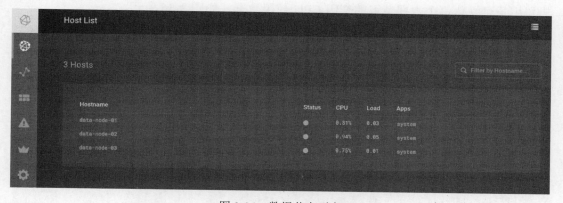

图 3-34　数据节点列表

单击"system"查看该应用程序的 Chronograf 预制仪表板。通过查看每个主机名的仪表板来密切关注数据节点，如图 3-35 所示。

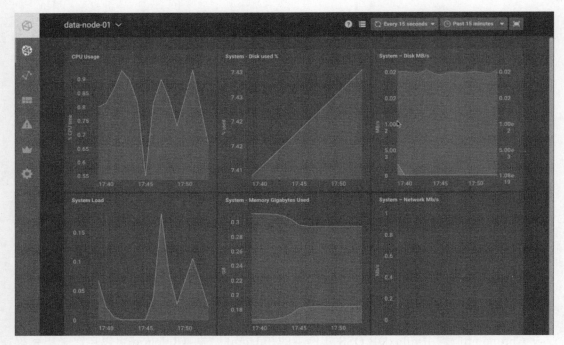

图 3-35 数据节点详情

接下来,查看数据资源管理器以使用监控数据创建自定义图表。Chronograf 查询编辑器用于可视化每个数据节点的空闲 CPU 使用数据,如图 3-36 所示。

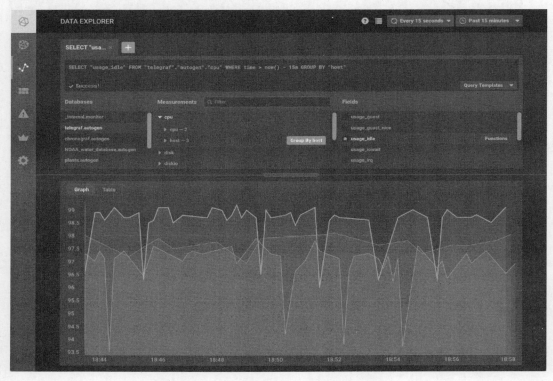

图 3-36 使用监控数据创建自定义图表

用户可以创建更多自定义图表并将它们保存到 Chronograf 仪表板页面上。

3.3 小结

通过可视化工具，可以方便地管理 InfluxDB，本章主要介绍了如何安装 InfluxDB 的两种可视化管理工具：InfluxDB UI 和 Chronograf，以及它们的常用功能，在讲解中会涉及 InfluxDB 的一些概念，可能现在还看不懂，没有关系，在后面的章节中这些概念都会讲解，并且后面会再次使用这两个工具。

第 4 章
InfluxDB 基本操作写入与查询

了解完 InfluxDB 的安装和配置后,接下来讲解一些基本的写入和查询操作。InfluxDB 提供多种操作数据的方式,如客户端命令行方式、HTTP API 接口、各语言 API 库、可视化界面等方式。本章将会使用客户端命令行与可视化界面来介绍基本写入和查询操作。学习完本章后,将掌握以下知识:

- 命令行操作方式。
- 行协议的定义。
- 数据的写入操作。
- 数据的查询操作。

4.1 客户端命令行方式

4.1.1 简介

安装完 InfluxDB 后，就可以使用 InfluxDB 了，在此章将会用到 influx 命令行工具，它包含在 InfluxDB 的安装目录里，进入 InfluxDB 安装的根目录就可以看到。Influx 程序是 InfluxDB 的命令行工具，是一种类似于 MySQL 命令行工具的轻量级工具。它的底层是通过 InfluxDB 的 HTTP API 接口来和 InfluxDB 进行通信。

4.1.2 使用 InfluxDB

1. 启动 InfluxDB

打开 CMD，进入 InfluxDB 目录，输入 influxd 按 Enter 键即可启动成功，如图 4-1 所示。

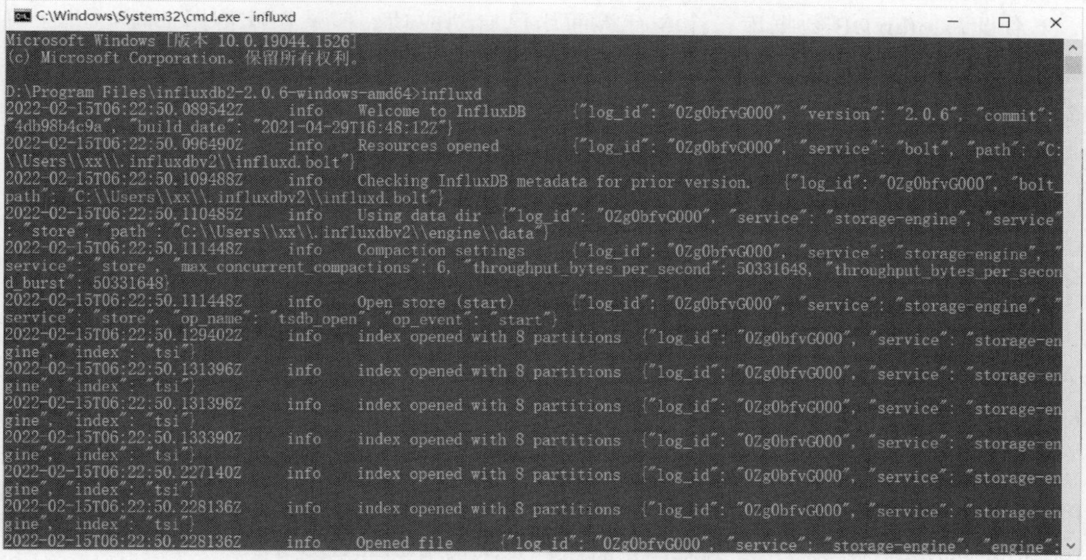

图 4-1　启动 influxd

需要注意的是可能会弹出"需要网络允许"的提示，单击"允许访问"即可，这样 InfluxDB 才允许使用网络，被客户端连接。

2. 启动客户端

与启动 InfluxDB 方法一样，打开 CMD，进入 InfluxDB 目录，输入 influx 按 Enter 键即可启动，如图 4-2 所示。

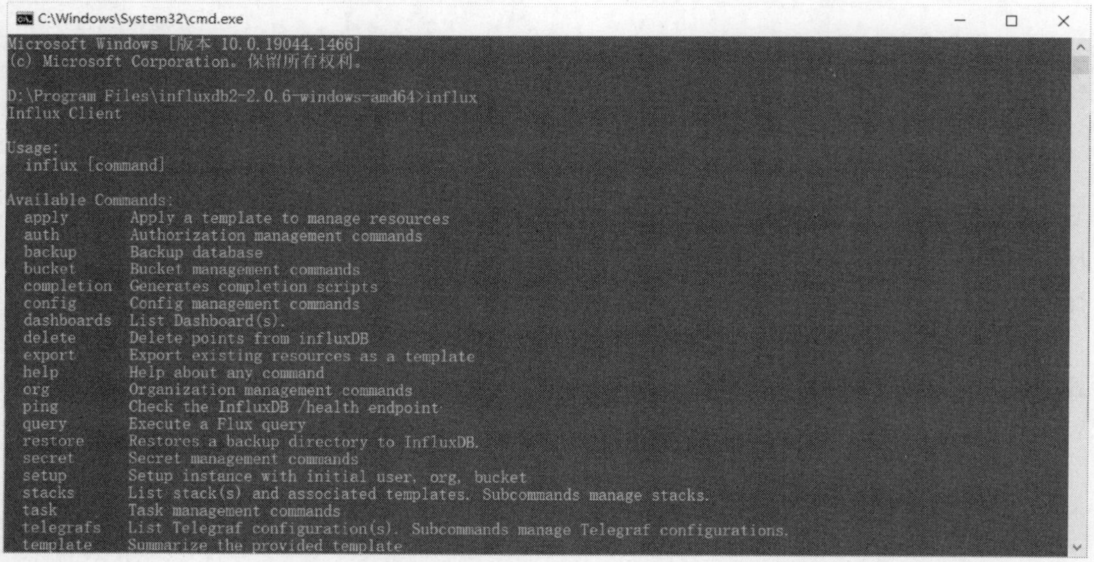

图 4-2　启动 influx

到此，InfluxDB 数据库、命令行界面均已启动成功。但是初次使用还需要进行初始化设置，也就是创建一个初始用户，用于使用 InfluxDB 时进行认证，否则在用 influx 命令时可能会遇到没有权限等问题。初始化设置有两种方式。

第一种是使用 InfluxDB UI 界面设置。启动 InfluxDB 后就可以进入 InfluxDB 的 UI 界面，InfluxDB 官网提供了两种数据可视化方式，一种是 InfluxDB UI，另一种是 Chronograf，这两种 UI 界面在之前章节中有介绍具体的安装和使用方式，这里不再过多述说。

初次使用需要进行一些简单的账号、密码创建。单击"Get Started"，按要求输入"Username""Password""Confirm Password""Organization Name""Bucket Name"，单击"Continue"后即可进入 InfluxDB UI 界面，如图 4-3 所示。

第二种进行初始设置方式是使用 cli 命令行，输入 influx setup，按要求依次输入 primary username、password、confirm password、organization name、bucket name、retention period，完成这些步骤之后，就可以正式使用 InfluxDB 了。

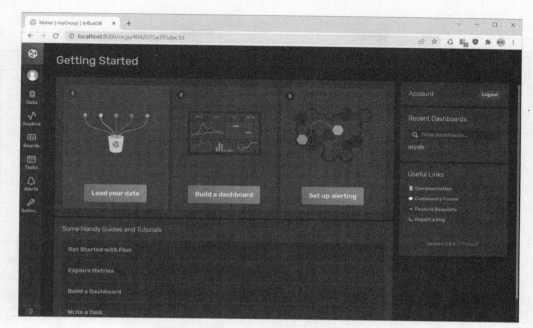

图 4-3　InfluxDB UI 界面

4.1.3　Influx 基本命令

influx 内置了一些命令，通过 influx help 命令可以输出查看，客户端支持的命令都在这里，并且每个关键字后面都进行了解释，还可以通过 influx command --help 命令，查看某个命令的详细使用以及需要哪些参数及其解释。help 命令输出如图 4-4 所示。

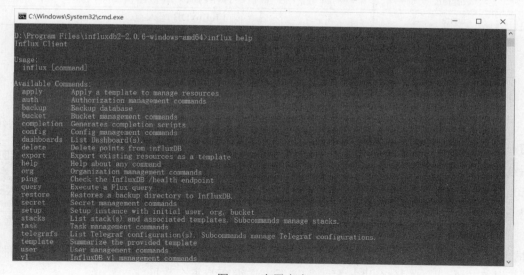

图 4-4　内置命令

influx 全部命令及含义如表 4-1 所示。

表 4-1　influx 全部命令

命令	含义
apply	应用模板管理资源
auth	授权管理命令
backup	备份数据库
bucket	桶管理命令
completion	生成脚本完成
config	配置管理命令
dashboards	仪表板 (s) 列表
delete	从 InfluxDB 中删除点
export	将现有资源导出为模板
help	关于任何命令的帮助
org	组织管理命令
ping	检查 InfluxDB / 运行状况端点
query	执行 Flux 查询
restore	将备份目录恢复到 InfluxDB
secret	秘密管理命令
setup	安装实例与初始用户、org、桶
stacks	列出堆栈和相关模板；子命令管理栈
task	任务管理命令
telegrafs	列表 Telegraf 配置 (s)；子命令管理 Telegraf 配置
template	总结提供的模板
user	用户管理命令
v1	InfluxDB v1 管理命令
version	打印内流 CLI 版本
write	向 InfluxDB 写入点

4.2　数据样本

为了熟悉 Influx 查询以及如何创建数据库、将数据写入数据库中等操作，这里介绍一些数据样本，并在后续写入操作时选择其中一种写入数据库中，方便后续了解查询操作。InfluxData 提供了一些样本数据，所以可以使用 Flux InfluxDB sample 包来下载和查看这些样本数据。参考的数据请扫描二维码下载，具体数据目录如图 4-5 所示。

样本数据

这里存放了几个样本数据，每个样本数据都提供了不同格式的样本文件，例如行协议（lp）格式的文件或者 CSV 格式的文件。下载需要导入的数据样本的文件，然后使用 influx write 命令进行写入。接下来详细介绍每个数据。

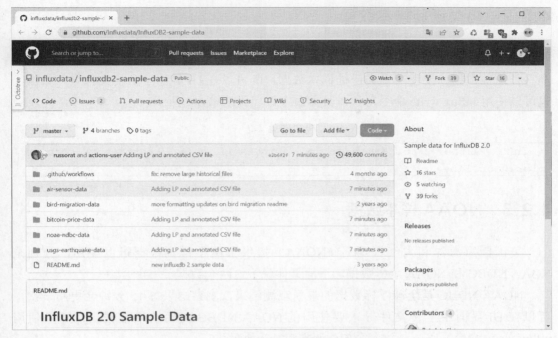

图 4-5　样本数据

4.2.1　空气传感器样本数据

空气传感器样本数据是使用温度、湿度和一氧化碳指标模拟办公楼空气传感器数据。要使用空气传感器数据样本，既可以在 UI 中上传文件导入数据，也可以使用 influx write 命令写入，具体命令如代码清单 4-1 所示。

代码清单 4-1

```
> influx write -b air-sensor -o myGroup -p s --format=lp -f air-sensor-data.lp
```

上述命令解释如下。
- influx write：写入命令。
- -b：后面填写要写入数据到哪个数据桶。
- -o：后面填写桶所在组织。
- -p：设置精度。
- --format=lp：指定导入的样本文件用的什么格式，如果是 CSV 格式，则写成 --format=csv，-f 后面指定要写的文件路径。下面几个样本数据的导入，命令与此样本数据命令一样，不同的是要写入的桶名以及导入文件的路径和文件格式，根据不同的数据样本进行适当修改即可。

4.2.2 鸟类迁徙样本数据

鸟类迁徙样本数据是来自 Movebank：Animal Tracking 数据集的 2019 年全年的非洲鸟类迁徙数据。要使用鸟类迁徙样本数据，既可以在 UI 界面中上传文件导入数据，也可以使用 influx write 命令写入，具体命令如代码清单 4-2 所示。

代码清单 4-2

```
> influx write -b bird-migration -o myGroup -p s --format=lp -f bird-migration.line
```

4.2.3 NOAA 样本数据

美国国家海洋和大气管理局（NOAA）提供了两个样本数据可以使用，分别是 NOAA NDBC 和 NOAA 水样数据。下面具体说下这两个数据。

NOAA NDBC 是全球浮标数据的最新观测结果，观察结果每 15 分钟会更新一次。可以在 UI 界面中上传文件导入要使用的 NOAA NDBC 观察结果数据，也可以使用 influx write 命令写入，具体命令如代码清单 4-3 所示。

代码清单 4-3

```
> influx write -b noaa -o myGroup -p s --format=lp -f lastest-observations.lp
```

NOAA 水样数据包含 2019 年 8 月 17 日 到 2019 年 9 月 17 日 收集的水样观测数据。这个数据样本也是后续使用查询操作时会用到的数据样本，可扫码下载，这里创建一个新的数据桶并把数据写入其中。具体命令如代码清单 4-4 所示。

NOAA 水样数据

代码清单 4-4

```
> influx write -b noaa -o myGroup -p s --format=csv -f noaa.csv
```

NOAA 水样数据都存储在 h2o_feet 表中，h2o_feet 表中有一个 tag key(location)，表示观测点位置，它有两个 tag value：coyote_creek 和 santa_monica。coyote_creek 和 santa_monica 都是美国地名，也是水样观测站所在的位置。

h2o_feet 表中还有两个 field：level description（字符串型）和 water_level（浮点型）。所有这些数据都存储在 noaa 数据库中。

4.2.4 美国地质勘探局地震数据

美国地质勘探局 （USGS） 地震数据包含从世界各地的 USGS 地震传感器收集的观测数据，这个数据每 15 分钟会更新一次。想要下载和使用地震数据，可以在 UI 中上传文件导入数据，也可以使用 influx write 命令写入，具体命令如代码清单 4-5 所示。

代码清单 4-5
```
> influx write -b earthquake -o myGroup -p s --format=lp -f all_week.lp
```

4.3 行协议

下面讲解一些 InfluxDB 基本的数据模型概念，以便后面更容易理解写入语句。InfluxDB 的数据模型概念和关系数据库有点不同，这里列出了 MySQL 的相关概念进行对比，以便理解，见表 4-2。了解完数据模型概念，更有利于去理解行协议语法。

表 4-2 InfluxDB 和 MySQL 概念对比

InfluxDB	MySQL	描述
Buckets	Database	数据桶，存储数据的命名空间
Measurement	Table	表
Point	Record	数据点，即表里一行数据
Tag	Index	标签，用于创建索引
Field	Field	指标，也就是表中的各种字段
Time		每条数据记录的时间，也是数据库自动生成的主索引
series		时间序列线，表名、保留策略、标签都相同的一组数据

下面讲解什么是行协议，也就是了解写入的格式和语法等规则。例如，通过对比 MySQL 了解了 Buckets（桶），它相当于 MySQL 的 database，了解过 MySQL 的都知道，当插入一条数据时，要指定数据插入哪个表。而在插入数据到 InfluxDB 时，也要指定把数据插入哪个桶和表中，这种插入时要遵守的语法格式就是 InfluxDB 的行协议。行协议是写入数据时要遵守的数据格式，只有遵守这个协议的语句，才能被 InfluxDB 正确识别并写入。当了解完行协议，就真正地理解了为什么插入一条数据时要那样写，这时才能看懂一条插入语句中，哪些表示表名，哪些表示 field 和 tag。

4.3.1 行协议案例

接下来通过一条语句来分析和学习行协议，以 write 命令为例，如代码清单 4-6 所示。

代码清单 4-6
```
> influx write --org myGroup --bucket mydb "m,host=host1 field1=1.0"
```

- --org myGroup：组织名。
- --bucket mydb：桶名。

双引号中就是要插入的数据，也就是一个 point，从 point 中，如果不了解行协议，那么是看不懂这条数据到底是什么意思的。所以，在进行插入操作之前，要先了解清楚行协议。

4.3.2 行协议语法

插入语句中的数据，也就是 point 的语法格式其实就是行协议，这个 point 可以由表名、标签键值对、字段键值对、时间戳 4 个部分组成。标签键值对、字段键值对、时间戳之间用空格隔开，如有多个标签键值对或字段键值对，内部用逗号隔开，也就是空格是不同类的数据的分割，逗号是同类数据的分割，当然 measurement 和 tag 之间的逗号是个例外。行协议语法如代码清单 4-7 所示。

代码清单 4-7

```
<measurement>[,<tag_key>=<tag_value>[,<tag_key>=<tag_value>]] <field_key>=<field_value>[,<field_key>=<field_value>] [<timestamp>]
```

4.3.3 行协议要素分析

上面讲了行协议的语法，接下来具体分析一下语法中每一要素表示的是什么。行协议的语法要素如图 4-6 所示。

图 4-6　行协议要素

1.Measurement

这里是指要把数据放入哪个表中，在协议中是必填的。

数据类型：字符串型。

2.Tag set

point 中的所有标签键值对，方括号中的内容是可选的表示可有可无。也就说一个 point 可以有 0 个或多个键值对。如果有，开头第一个必须要使用一个逗号和 Measurement 隔开而不是用空格隔开，多个标签键值对也是用逗号隔开。这里是英文半角逗号，需要注意的是不要误输入中文逗号。

键数据类型：字符串型。

值数据类型：字符串型。

3. Field set

point 中的所有字段键值对、指标对可以有 1 个或多个。如果有多个，中间用逗号隔开。

键数据类型：字符串型。

值数据类型：浮点型、整型、字符串型、布尔型。

4. Timestamp

Timestamp 是时间戳，可选，默认是纳米级精度的时间戳，没有提供时间戳则默认使用其主机的系统时间（UTC）。

数据类型：Unix 时间戳。

5. 空格

在行协议中，用空格来作为分界点。第一个空格将标签对和字段对分隔开，第二个空格将字段对和时间戳分隔开，如图 4-7 所示。

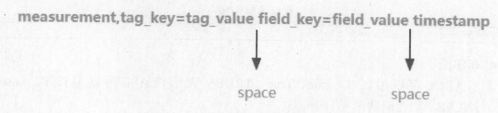

图 4-7 空格

如果有多个 tag，那么最后一个 tag_key=tag_value 不要写逗号，如果有了逗号，那么 InfluxDB 会认为 tag 没有结束，会继续向后解析 tag。tag 和 field 用空格隔开，如果没有 tag，那就是 Measurement 和 Field 用空格隔开，此外 Timestamp 和最后一个 Field 也是使用空格隔开。

4.3.4 数据类型

行协议中不同字段支持不同的数据类型，其中，Measurement、tag_keys，tag_value，field_key 始终是字符串，这里需要注意的是因为 InfluxDB 将 tag_value 存储为字符串，所以 InfluxDB 无法对 tag_value 进行数学运算，因为它本质上是一种标签或索引，而不是数据。此外，InfluxQL 函数不接受 tag_value 作为主要参数。field_value 可以是字符串型、浮点型、整型、布尔型。

1. 浮点型

InfluxDB 假定收到的所有 field_value 都是浮点数，也就是默认是浮点型，InfluxDB 支持浮点字段值的科学记数法。

例如：fieldKey 可以是浮点型，如代码清单 4-8 所示。

代码清单 4-8

```
myMeasurement fieldKey=1.0
myMeasurement fieldKey=-3.234456e+78
```

2. 整型

添加一个"i"在field之后，告诉InfluxDB以整数类型存储。

例如：在value后面加个"i"表示这个fieldValue是整型，如代码清单4-9所示。

代码清单 4-9

```
myMeasurement fieldKey=1i
```

3. 字符串型

用双引号把字段值引起来表示字符串。

例如：用双引号引起来表示字符串型，如代码清单4-10所示。

代码清单 4-10

```
myMeasurement fieldKey="this is a string"
```

4. 布尔型

表示TRUE可以用t、T、true、True、TRUE；表示FLASE可以用f、F、false、False、FALSE，如代码清单4-11所示。

代码清单 4-11

```
myMeasurement fieldKey=true
myMeasurement fieldKey=false
```

4.3.5 引号

接下来讲一下单双引号的使用。

（1）行协议中时间戳不能加引号，不然会报错。

（2）行协议接受Measurement、tag keys、tag values、field keys被双引号或单引号引起来，但会将它们解释为名称、键或值的一部分。

（3）field_value是字符串类型时，要用双引号而不是单引号，用单引号会报错。当field_value是整型、浮点型或是布尔型时，不要使用双引号，否则会被当成字符串类型处理。

4.3.6 特殊字符

在行协议中支持一些敏感字符作为字符串中一部分，但是需要使用反斜杠（\）转义特殊字符。具体特殊符号见表4-3。

表 4-3 特殊符号

元素	特殊符号
measurement	逗号、空格
tag key，tag value，field key	逗号、空格、等号
field value	双引号、反斜杠

其他特殊字符不需要转义，例如 Emojis，下面列了一些例子。

例如：表名中包含空格，如代码清单 4-12 所示。

代码清单 4-12

```
my\ Measurement fieldKey="stringValue"
```

例如：标签键和值中包含空格，如代码清单 4-13 所示。

代码清单 4-13

```
myMeasurement,tag\ Key=tag\ Value, fieldKey=1
```

字段值中包含双引号，如代码清单 4-14 所示。

代码清单 4-14

```
myMeasurement fieldKey="\"string\" within a string"
```

行协议中有 emojis，如代码清单 4-15 所示。

代码清单 4-15

```
myMeasurement,tagKey=🚀 fieldKey="Launch 🛰 " 1556813561098100000
```

注意：非特殊情况下，不要使用特殊字符，这只会增加理解难度、编程难度。

4.3.7 注释

行协议将 "#" 作为注释字符，并忽略所有后续字符，直到下一个换行符（\n）。

4.3.8 重复数据

一条记录（point）由表名、标签集和时间戳唯一标识。如果具有相同的表名、标签集和时间戳，但具有不同的字段集的行协议，则该字段集将成为旧字段集和新字段集的并集，并且其中任何冲突都以新字段集为准。也就是当写入一条 point 时，它的表名、标签集和时间戳与表中已存在的一条数据一样，那么唯一不同的就是它们的字段集。由于它们的表名、标签和时间戳都相同，所有这两条数据会整合成一条新的 point，新 point 的字段集是旧 point 字段集和插入 point 字段集的并集。如果旧 point 中和新 point 中有相同的字段键，那么该字段的值以新插入 point 的该字段值为准。

4.4 桶操作

在行协议中执行插入命令时,需要指明插入的数据到哪个桶或表,也就是数据将要存储在哪。所以在真正插入数据前先要创建一个桶,下面讲解一下桶的相关命令。

在 cli 中输入 influx -h 可以查看到 influx 提供了一个 bucket 命令,即桶操作的命令,再输入 influx bucket -h 就可以查看到它的相关语法。这里比较简单,不作具体展示,需要查看的可以自行输入帮助命令查看。桶(库)的操作主要是创建、显示、删除、修改,比较简单。

1. 创建桶

创建桶的具体代码如代码清单 4-16 所示。

代码清单 4-16

```
> influx bucket create --name mydb
```

需要注意的是,执行上面命令后没有返回任何信息,也没有报错,这是正常的,在 InfluxDB 命令行中,这表示语句执行成功。

2. 显示桶

显示所有桶的具体代码如代码清单 4-17 所示。

代码清单 4-17

```
> influx bucket list
ID                  Name          Retention   Shard group duration    Organization ID
bd105380ca5dc573    _monitoring   168h0m0s    24h0m0s                 4842075a395dac3d
4842075a395dac3d    _tasks        72h0m0s     24h0m0s                 4842075a395dac3d
f8a88fd73be325e5    example       infinite    168h0m0s                4842075a395dac3d
97fefbba2f179cf7    mydb          infinite    168h0m0s                4842075a395dac3d
5ef8a08e782e8c30    noaa          infinite    168h0m0s                4842075a395dac3d
```

显示具体某个桶,既可以通过 name 指定,也可以通过 ID 指定,如代码清单 4-18 所示。

代码清单 4-18

```
> influx bucket list --name mydb
ID                  Name    Retention    Shard group duration    Organization ID
97fefbba2f179cf7    mydb    infinite     168h0m0s                4842075a395dac3d

> influx bucket list --ID 97fefbba2f179cf7
ID                  Name    Retention    Shard group duration    Organization ID
97fefbba2f179cf7    mydb    infinite     168h0m0s                4842075a395dac3d
```

3. 删除桶

通过名称删除桶的具体代码如代码清单 4-19 所示。

代码清单 4-19

```
> influx bucket delete --name mydb
```

通过 ID 删除桶的具体代码如代码清单 4-20 所示。

代码清单 4-20

```
> influx bucket delete --ID 68e88ce9e36a541c
```

桶的 ID 可以通过上面介绍的显示桶命令来查看。

4. 修改桶

修改桶时，必填的参数是桶 ID，用 ID 而不用桶名是因为 ID 不会变化且每个桶的 ID 都是唯一的，Influx 通过 ID 来定位到要修改的桶，然后修改桶名或保留策略等。具体命令如代码清单 4-21 所示。

代码清单 4-21

```
> influx bucket update --ID 68e88ce9e36a541c --name new-bucket-name
> influx bucket update --ID 68e88ce9e36a541c --retention 90d
```

4.5 写入操作

了解完桶的相关操作，接下来可以真正地开始数据的写入操作了。写入语法在上面行协议举例时提到过一些。

4.5.1 写入数据

可以通过客户端命令行方式或 HTTP 接口方式写入数据，这里使用命令行方式示范。将数据插入 InfluxDB 中，需要遵守行协议，这个在前面已经介绍过。这里使用 write 命令来尝试插入数据，如代码清单 4-22 所示。这里插入的数据桶是在前面介绍桶操作时创建过的。如果没有创建此桶，请到前文查看桶操作的相关内容。

代码清单 4-22

```
> influx write --bucket mydb "m,host=host1 field1=1.0"
```

在 UI 界面中新建一个查询，执行语句：SELECT * FROM "m"。插入结果如图 4-8 所示。

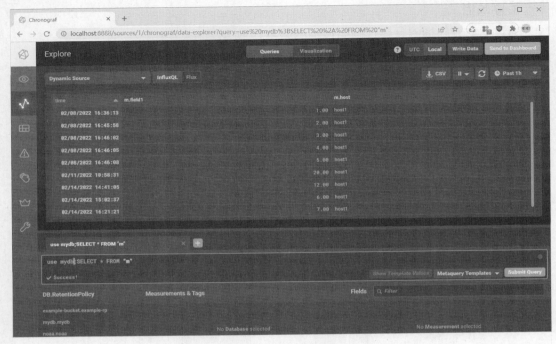

图 4-8　写入操作

4.5.2　文件数据导入

为了演示接下来的查询操作，这里导入来自美国国家海洋和大气管理局（NOAA）的公开水样数据，在上面数据样本中有过介绍。当然其中包含了虚构数据，这些数据只是为了接下来进行查询操作的展示。

在 InfluxDB UI 界面中，文件数据的写入既可以通过可视化界面直接选择下载好的文件进行导入，也可以输入代码清单 4-23 所示命令进行导入。

代码清单 4-23

```
import "experimental/csv"

csv.from(url: "https://influx-testdata.s3.amazonaws.com/noaa.csv")
  |> to(bucket: "noaa", org: "example-org")
```

在 UI 界面中，新建查询输入上述命令，等待一会儿即可导入成功，如图 4-9 所示。

除了在 UI 界面进行导入的方式以外，还可以在 cli 命令窗口进行导入，这里分为两步，第一步是下载数据，第二步是写入数据到桶中。具体如下。

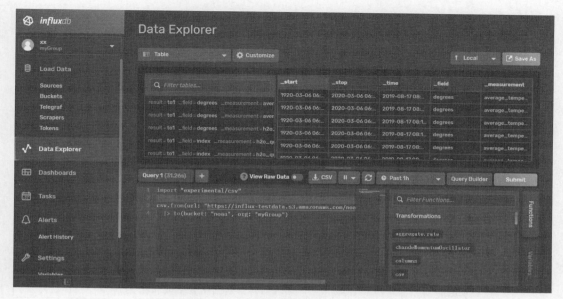

图 4-9　数据导入

在 influx 目录进入 CMD，输入如代码清单 4-24 所示命令下载文本文件。

代码清单 4-24

```
> curl https://influx-testdata.s3.amazonaws.com/noaa.csv -o noaa.csv
```

写入数据到 InfluxDB，如代码清单 4-25 所示。

代码清单 4-25

```
> influx write -b noaa -o myGroup -p s --format=csv -f noaa.csv
```

上述命令各参数解释如下。

- -b 后面填写要写入数据到哪个数据桶。
- -o 后面填写桶所在组织。
- -p 是设置精度。
- --format=lp 是指定导入的样本文件用的什么格式。
- -f 后面填写导入的数据样本路径。

4.6　查询操作

InfluxDB 支持使用类 SQL 语言 InfluxQL 进行数据查询，接下来介绍一下 InfluxQL 的 select 语句的相关查询语法。需要注意的是在展示查询结果时，使用到了之前章节介绍过的可视化工具 Chronograf 来进行展示。

4.6.1 select 语句

select 语句是进行查询操作时要用到的关键词,具体语法如代码清单 4-26 所示。

代码清单 4-26

```
select <field_key>[,<field_key>,<tag_key>] from <measurement_name>[,<measurement_name>]
```

在上述语法中可以分为 select 子句和 form 子句,select 子句后面跟着的是要搜索的字段或者标签等;from 子句后面跟着的是表名,也就是从哪张表中进行搜索。

select 子句有几种常用书写格式,不同的格式可以查询不同的内容,例如返回所有字段或者返回指定字段,具体见表 4-4。

表 4-4 select 子句

格式	概述
select *	返回所有字段和标签
select <field_key>	返回指定的字段
select <field_key>,<field_key>	返回多个字段
select <field_key>,<tag_key>	返回指定的字段和标签
SELECT "<field_key>"::field,"<tag_key>"::tag	返回特定字段和标签,当字段和标签的 key 相同时,可以使用 ::[field | tag] 语法来标识它是字段键还是标签键

from 子句有几种常用书写格式,不同的格式可以查询不同的内容,例如从单表查询数据、从多表查询数据,具体见表 4-5。

表 4-5 from 子句

格式	概述
from <measurement_name>	从单表查询数据
from <measurement_name>,<measurement_name>	从多表查询数据
from <database_name>.<retention_policy_name>.<measurement_name>	从完全指定的表中返回数据。完全指定是指指定了数据库和存储策略
from <database_name>.<measurement_name>	从指定的数据库中返回存储策略为 DEFAULT 的数据

接下来结合上面导入的文件数据,进行一些查询操作。需要注意的是在输入 select 语句之前,先要使用 use database 指定数据库。

例 1:查询 h2o_feet 表前 5 条数据,由于数据过多,限制输出 5 条,如代码清单 4-27 所示。

代码清单 4-27

```
> select * from "h2o_feet" limit 5
name: h2o_feet
time                    level description   location        water_level
```

```
----                          ------------------   -------                  -----------
1566000000000000000           below 3 feet         santa_monica             2.064
1566000000000000000           between 6 and 9 feet coyote_creek             8.12
1566000360000000000           below 3 feet         santa_monica             2.116
1566000360000000000           between 6 and 9 feet coyote_creek             8.005
1566000720000000000           below 3 feet         santa_monica             2.028
```

也可以在可视化界面中查看，如图 4-10 所示。

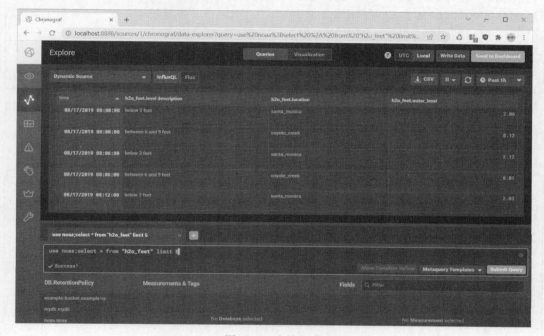

图 4-10　查询所有

例 2：查询 h2o_feet 表中观测点（location）的数据（water_level），由于数据过多，限制输出 5 条，如代码清单 4-28 所示。

代码清单 4-28

```
> select "location","water_level" from "h2o_feet" limit 5
name: h2o_feet
time                          location            water_level
----                          --------            -----------
1566000000000000000           coyote_creek        8.12
1566000000000000000           santa_monica        2.064
1566000360000000000           coyote_creek        8.005
1566000360000000000           santa_monica        2.116
1566000720000000000           coyote_creek        7.887
```

需要注意的是，当 select 子句包含标签时，必须至少指定一个字段，否则不会返回数据，因为没有包含至少一个字段。注意，从查询语句中无法直接看出哪个是 tag 标签。如果需要知道哪个是 tag 标签，需要对 h2o_feet 表很熟悉才行。

此外，还可以在查询语句中指明标识符的类型，如代码清单 4-29 所示。

代码清单 4-29

```
> select "location"::tag,"water_level"::field from "h2o_feet" limit 5
name: h2o_feet
time                    location            water_level
----                    --------            -----------
1566000000000000000     coyote_creek        8.12
1566000000000000000     santa_monica        2.064
1566000360000000000     coyote_creek        8.005
1566000360000000000     santa_monica        2.116
1566000720000000000     coyote_creek        7.887
```

例 3：查询 h20_feet 中所有字段，由于数据过多，限制输出 5 条，如代码清单 4-30 所示。

代码清单 4-30

```
> select *::field from "h2o_feet" limit 5
name: h2o_feet
time                    level description       water_level
----                    -----------------       -----------
1566000000000000000     below 3 feet            2.064
1566000000000000000     between 6 and 9 feet    8.12
1566000360000000000     below 3 feet            2.116
1566000360000000000     between 6 and 9 feet    8.005
1566000720000000000     below 3 feet            2.028
```

select 子句中，*::field 表示查找所有的字段，* 表示查找所有字段和标签，::field 限制为只能是字段。

例 4：查询 h2o_feet 表中的 water_level 字段，将结果乘以 2 再加 4，由于数据过多，限制输出 5 条，如代码清单 4-31 所示。

代码清单 4-31

```
> select ("water_level" * 2) + 4 from "h2o_feet" limit 5
name: h2o_feet
time                    water_level
----                    -----------
1566000000000000000     20.24
1566000000000000000     8.128
1566000360000000000     20.01
1566000360000000000     8.232
1566000720000000000     19.774
```

注意，InfluxDB 中可以使用基本运算，但是同时也遵循一般编程语言的运算符顺序。

4.6.2 类型转换

上面已讲过 ::[field | tag] 语法指定标识符的类型,使用此语法来区分具有相同名称的字段键和标签键。但除此之外,:: 语法还允许在查询中指定 field 的类型,如代码清单 4-32 所示。

代码清单 4-32

```
select <field_key>::<type> from <measure_name>
```

上述命令中,type 可以是 field_key 支持的类型,如 float 型、integer 型、string 型或 boolean 型。

例 1:查询 h2o_feet 表中 water_level 字段并指定为 float 型。由于数据过多,限制输出 5 条,如代码清单 4-33 所示。

代码清单 4-33

```
> select "water_level"::float from "h2o_feet" limit 5
name: h2o_feet
time                        water_level
----                        -----------
1566000000000000000         8.12
1566000000000000000         2.064
1566000360000000000         8.005
1566000360000000000         2.116
1566000720000000000         7.887
```

执行结果如图 4-11 所示。

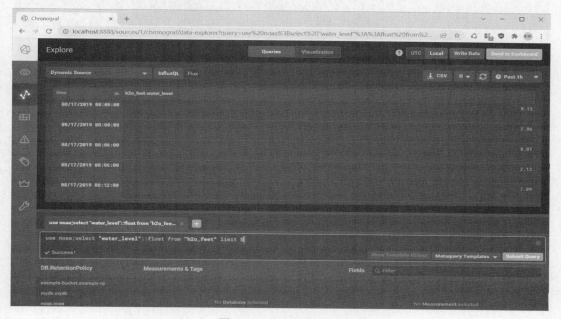

图 4-11 指定数据类型

::<type>语法允许在查询中做数据类型转换,但是,目前只支持整数型和浮点型之间的转换。如果把整数或者浮点数转换成字符串或者布尔型,那么 InfluxDB 将不会返回数据。

例 2:上面的例 1 中输出的 water_level 是浮点型,把 float 换成 integer 再次执行,由于数据过多,限制输出 5 条,如代码清单 4-34 所示。

代码清单 4-34

```
> select "water_level"::integer from "h2o_feet" limit 5
name: h2o_feet
time                        water_level
----                        -----------
1566000000000000000         8
1566000000000000000         2
1566000360000000000         8
1566000360000000000         2
1566000720000000000         7
```

结果如图 4-12 所示。

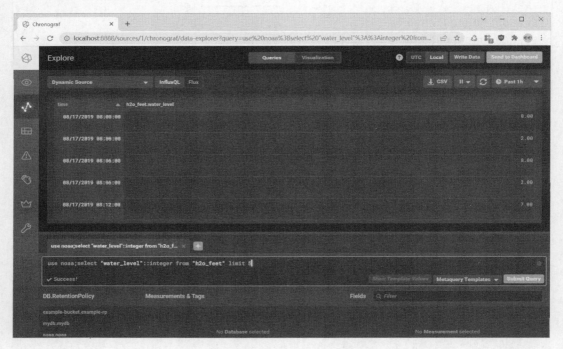

图 4-12 类型转换

4.6.3 where 子句

where 子句可以对查询出的数据进行条件筛选,具体语法如代码清单 4-35 所示。

代码清单 4-35

```
select * from <measure_name> where <conditional_expression> [(AND|OR)
<conditional_expression> [...]]
```

在上述语法中，where 后面跟着的 <conditional_expression> 是条件表达式，可以根据指定的条件来筛选记录，多个条件表达式之间可以用 AND|OR 连接。

条件表达式语法有两种。

表达式语法 1：当条件表达式包含 field 时，语法如代码清单 4-36 所示。

代码清单 4-36

```
field_key <operator> ['string' | boolean | float | integer]
```

在上述语法中，< operator > 表示要执行的操作，具体有 =（等于）、<>（不等于）、!=（不等于）、>（大于）、>=（大于或等于）、<（小于）、<=（小于或等于），where 子句支持 field value 是字符串型、布尔型、浮点型和整型。需要注意的是，在 where 子句中，单引号表示字符串字段值。如果要表示字符串需用单引号引起来，不加引号或者用双引号，不会返回结果，也不会报错。

表达式语法 2：当条件表达式包含 tag 时，语法如代码清单 4-37 所示。

代码清单 4-37

```
tag_key <operator> ['tag_value']
```

在上述语法中，< operator > 表示要执行的操作，具体有 =（等于）、<>（不等于）、!=（不等于）。需要注意的是，在 where 子句中，单引号表示字符串字段值。如果要表示字符串需用单引号引起来，这里的 tag_value 就是字符串类型，要用单引号引起来，不加引号或者用双引号，不会返回结果，也不会报错。

例 1：查询 h2o_feet 表中满足 water_level 大于 7 这个条件的数据，由于数据过多，限制输出 5 条，如代码清单 4-38 所示。

代码清单 4-38

```
> select * from "h2o_feet" where "water_level" > 7 limit 5
name: h2o_feet
time                 level description  location    water_level
----                 -----------------  --------    -----------
1566000000000000000  between 6 and 9    feet        coyote_creek 8.12
1566000360000000000  between 6 and 9    feet        coyote_creek 8.005
1566000720000000000  between 6 and 9    feet        coyote_creek 7.887
1566001080000000000  between 6 and 9    feet        coyote_creek 7.762
1566001440000000000  between 6 and 9    feet        coyote_creek 7.635
```

结果如图 4-13 所示。

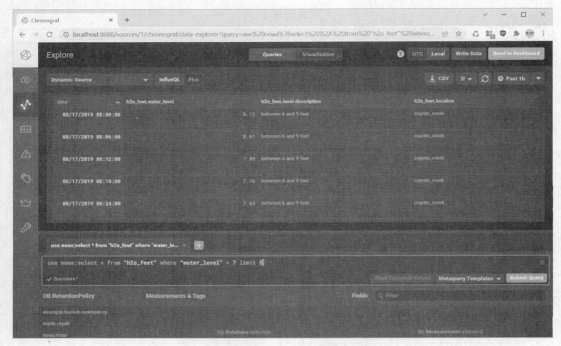

图 4-13　条件查询

例 2：查询 h2o_feet 表中满足字段键 location = santa_monica 和标签键值 water_level 小于 5 或大于 8 的数据，由于数据过多，限制输出 5 条，如代码清单 4-39 所示。

代码清单 4-39

```
> select "water_level" from "h2o_feet" where "location" <> 'coyote_
creek' and (water_level < 5 or water_level > 8) limit 5
name: h2o_feet
time                    water_level
----                    -----------
1566000000000000000     2.064
1566000360000000000     2.116
1566000720000000000     2.028
1566001080000000000     2.126
1566001440000000000     2.041
```

该查询从 h2o_feet 中返回数据，其中 tag location 设置为 coyote_creek，并且 field water_level 的值小于 5 或大于 8。

4.6.4　函数

接下来介绍一下 InfluxDB 中的函数，通过这些函数可以查找特定的记录，例如查找返回最大值、最小值、平均值等。InfluxDB 的函数可以分为聚合函数和选择函数。

首先介绍聚合函数，表 4-6 列出了聚合函数中包含的函数以及它们各自的含义。

表 4-6　聚合函数

函数	介绍
count()	返回非空字段值的数量，可以嵌套 distinct()
sum()	返回字段值的和
stddev()	返回字段值的标准差
mode()	返回出现频率最高的指标值，如果有两个或多个值出现次数最多，则返回时间最早的字段值
median()	返回排好序的字段值的中位数
mean()	返回字段值的平均值
integral()	返回字段值曲线下的面积，即积分

上面介绍了几个函数的方法以及它们的含义，下面举几个例子来加深理解。

例 1：返回字段键 water_level 的非空个数，如代码清单 4-40 所示。

代码清单 4-40

```
> select count("water_level") from "h2o_feet"
name: h2o_feet
time    count
----    -----
0       15258
```

上述命令使用的是 count() 函数，count() 函数是返回非空字段值的个数，所以上述命令中会返回 water_level 字段非空的个数。还可以把 count() 函数改成 sum() 求和函数，stddev() 求标准差函数，等等。

例 2：返回字段键 water_level 的平均值，如代码清单 4-41 所示。

代码清单 4-41

```
> select mean("water_level") from "h2o_feet"
name: h2o_feet
time mean
---- ----
0    4.441931402107023
```

上述命令使用的是 mean() 函数，mean() 函数是返回字段的平均值，所以上述命令中会返回 water_level 字段的平均值。

上面介绍了聚合函数及案例，接下来介绍选择函数。选择函数顾名思义就是进行选择，例如 max() 返回最大的字段值，min() 返回最小的字段值。表 4-7 列出了选择函数中包含的函数以及它们各自的含义。

表 4-7　选择函数

函数	介绍
top()	返回最大的 n 个字段值

续表

函数	介绍
sample()	返回 n 个随机抽样的字段值
percentile()	返回百分位数为 n 的字段值
max()	返回最大的字段值
min()	返回最小的字段值
last()	返回时间戳最新的字段值
first()	返回时间戳最早的字段值
bottom()	返回最小的 n 个字段值

例 1：返回字段键 water_level 中最大的 5 个值，如代码清单 4-42 所示。

代码清单 4-42

```
> select top("water_level",5) from "h2o_feet"
name: h2o_feet
time                    top
----                    ---
1566976320000000000     9.938
1566976680000000000     9.957
1566977040000000000     9.964
1566977400000000000     9.954
1566977760000000000     9.941
```

上述命令使用的是 top() 函数，top() 函数是返回字段中最大的几个值，这里设置的是 5，所以上述命令中会返回 water_level 字段中最大的 5 个值。也可以换成 sample() 函数来随机抽样返回几个字段值，或者换成 last() 函数、first() 函数返回时间戳最新或最早的字段值。

例 2：返回字段键 water_level 中的最大值，如代码清单 4-43 所示。

代码清单 4-43

```
> select max("water_level") from "h2o_feet"
name: h2o_feet
time                    max
----                    ---
1566977040000000000     9.964
```

上述命令使用的是 max() 函数，max() 函数是返回字段中的最大值，所以上述命令中会返回 water_level 字段中的最大值。

4.6.5　group by 子句

group by 子句是对数据进行分组用的，它可以按照标签或者时间间隔对查询结果进行分组。下面会介绍 group by 子句按标签分组和按时间分组，如代码清单 4-44 所示的命令是按标签进行分组的。

代码清单 4-44

```
select * from <measure_name> group by [* | <tag_key>[,<tag_key]]
```

group by 子句按标签分组的写法和含义具体见表 4-8。

表 4-8　group by 子句按标签分组的语法

写法	概述
group by *	按所有标签对结果进行分组
group by <tag_key>	按指定标签对结果进行分组，上面命令就是用的这个格式，对指定标签来分组
group by<tag_key>,<tag_key>	按多个标签对结果进行分组。标签键的顺序无关紧要

例 1：查询 h2o_feet 中每个地方的最大降雨量并按地方进行分组，如代码清单 4-45 所示。

代码清单 4-45

```
> select max("water_level") from "h2o_feet" group by "location"
name: h2o_feet
tags: location=coyote_creek
time                            max
----                            ---
1566977040000000000             9.964

name: h2o_feet
tags: location=santa_monica
time                            max
----                            ---
1566964440000000000             7.205
```

上述命令是计算每个地方的最大降雨量，mean("water_level") 是返回 water_level 的平均值，group by "location" 表示这个值按照不同的地方进行分组返回。需要注意的是，如果查询包含 where 子句，则 group by 子句必须出现在 where 子句之后，因为 where 子句会先对数据进行筛选，满足 where 子句条件的数据才会再去通过 group by 子句条件来分组并输出展示。

也可以通过 UI 界面进行查看，结果如图 4-14 所示。

上面介绍了 group by 子句按标签分组，接下来介绍按时间分组。如代码清单 4-46 所示命令是按时间进行分组的。

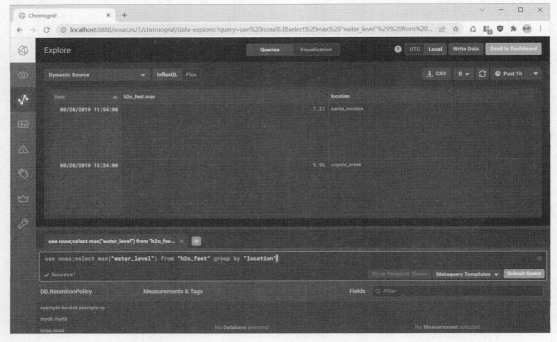

图 4-14 分组查询

代码清单 4-46

```
select <function>(<field_key>) from <measure_name> where <time_range>
group by time(<time_interval>),[tag_key] [fill(<fill_option>)]
```

group by 子句按时间分组的写法和含义具体见表 4-9。

表 4-9 group by 子句按时间分组的语法

写法	概述
group by time(time_interval)	按指定时间间隔对查询结果进行分组
group by time(time_interval),[tag_key]	按指定时间间隔对查询结果进行分组，且保留按标签的分组
fill(fill_option)	是可选的。它会更改没有数据的时间间隔的返回值

例 2：查询 h2o_feet 中 coyote_creek 地区的降雨量并按 30 分钟间隔分组，如代码清单 4-47 所示。

代码清单 4-47

```
> select count("water_level") from "h2o_feet" where "location"='coyote_
creek' and time >= '2019-08-18T00:00:00Z' and time <=
'2019-08-18T00:30:00Z' group by time(30m)

name: h2o_feet
time                 count
----                 -----
1566086400000000000  5
1566088200000000000  1
```

上述命令是计算 water_level 数,并将结果按 30 分钟间隔分组。每个时间戳的结果代表一个 30 分钟的间隔。

接下来介绍一些高级的 group by time() 的用法,也就是 time(time_interval,offset_interval) 和 fill(fill_option),具体语法如代码清单 4-48 所示。

代码清单 4-48

```
select <function>(field_key) from <measure_name> where <time_range> group by time(time_interval,offset_interval) [fill(fill_option)]
```

与普通的 group by time 语法相比,<offset_interval> 是一个时间偏移,可以将时间不以整数为界来分组。它可以向前或向后移动 InfluxDB 的预设时间界限。offset_interval 可以为正或负,下面举个例子。

例 3:时间间隔按 15 分钟进行分组,并将预设时间界限向后移动,如代码清单 4-49 所示。

代码清单 4-49

```
> select count("water_level") from "h2o_feet" where "location"='coyote_creek' and time >= '2019-08-25T00:06:00Z' and time <= '2019-08-25T00:54:00Z' group by time(30m,-15m)
name: h2o_feet
time                  count
----                  -----
1566690300000000000   2
1566692100000000000   5
1566693900000000000   2
```

计算 water_level,将结果分组为 30 分钟的时间间隔,并将预设时间边界向后偏移 15 分钟。

默认情况下,没有数据的 group by time() 间隔返回为 null 作为输出列中的值。fill() 更改没有数据的时间间隔返回的值。fill() 的参数类型见表 4-10。

表 4-10 fill() 的参数类型

类型	概述
任一数值	用这个数字返回没有数据点的时间间隔
linear	返回没有数据的时间间隔的线性插值结果
none	不返回在时间间隔里没有点的数据
previous	返回时间间隔的前一个间隔的数据

4.6.6 into 子句

into 子句将查询结果写入指定的表中,但是在 2.0 版本中,不再支持 into 子句,这里可以作为了解。into 子句的具体语法如代码清单 4-50 所示。

代码清单 4-50

```
select * into <measurement_name> from <database_name> where 子句 group by 子句
```

上述命令就是将查询出来的数据写入另一个表中。into 子句有多种语法，具体见表 4-11。

表 4-11 into 子句语法

写法格式	概述
into<measurement_name>	从当前数据库中写入特定 Measurement 中，保留策略为 DEFAULT
into<database_name>.<retention_policy_name>.<measurement_name>	写入指定了数据库和保留策略的 Measurement 中
INTO <database_name>..<measurement_name>	写入指定数据库保留策略为 DEFAULT
INTO <database_name>.<retention_policy_name>.:MEASUREMENT FROM /<regular_expression>/	将数据写入与 FROM 子句中正则表达式匹配的用户指定数据库和保留策略的所有 Measurement。:MEASUREMENT 是对 FROM 子句中匹配的每个 Measurement 的反向引用

4.6.7 排序

默认情况下，InfluxDB 以升序的顺序返回结果，返回的第一个点具有最早的时间戳，返回的最后一个点具有最新的时间戳。使用 order by time DESC 可以反转该顺序，以便 InfluxDB 首先返回具有最新时间戳的点。

4.6.8 limit 和 slimit 子句

limit 子句在前面已经用过了，表示的是返回前 n 条数据，而 slimit 子句表示返回前 n 个 series 的数据。

4.6.9 offset 和 soffset 子句

这里要介绍的是 offset 子句和 soffset 子句，这两个子句可以对照着 limit 子句理解。offset 子句表示结果集跳过前 n 条数据，soffset 子句表示结果集跳过前 n 个 series 的数据，这里结合 limit 子句举个例子，具体如下：

例：从 h2o_feet 返回第 4、第 5、第 6 条数据，如代码清单 4-51 所示。

代码清单 4-51

```
> select "water_level","location" from "h2o_feet" limit 3 offset 3
name: h2o_feet
time                    water_level        location
```

```
----                            -----------             -------
1566000360000000000             2.116                   santa_monica
1566000720000000000             7.887                   coyote_creek
1566000720000000000             2.028                   santa_monica
```

该查询从 h2o_feet 中返回第 4、第 5、第 6 个数据点，如果查询语句中不包括 offset 3，则会返回 Measurement 中的第 1、第 2、第 3 个数据点。offset 的作用就是查询结果集跳过前 3 条数据，然后再输出 3 条数据。这里需要注意的是，offset 子句需要结合 limit 子句使用。使用没有 limit 子句的 offset 子句可能会导致不一致的查询结果。

4.6.10　Time Zone 子句

Time Zone 子句返回指定时区的 UTC 偏移量。默认情况下，InfluxDB 以 UTC 为单位存储并返回时间戳。Time Zone 子句查询的结果包含 UTC 偏移量、UTC 夏令时（DST）偏移量返回的时间戳必须是 RFC3339 格式，用于 UTC 偏移量或 UTC DST 才能显示。

例：返回从 UTC 偏移量到上海时区的数据，如代码清单 4-52 所示。

代码清单 4-52

```
> select "water_level" from "h2o_feet" where "location" = 'santa_monica' and time >= '2019-08-18T00:00:00Z' and time <= '2019-08-18T00:18:00Z' tz('Asia/Shanghai')
```

查询的结果包括 UTC 偏移量到上海时区的时间戳。但是 Influx 版 2.0.6 版本支持的 Flux 版本为 v0.130.0 版，而时区包支持的最低 flux 版本为 0.134.0 版，此版本暂时不能使用此命令。解决方式是升级 InfluxDB 版本，根据官网的发布信息，InfluxDB v2.1 已经支持到 Flux v0.139.0。

4.6.11　时间语法

对于大多数 select 语句，默认时间范围为 UTC 的 1677-09-21 00∶12∶43.145224194 到 2262-04-11T23∶47∶16.854775806Z。对于具有 group by time() 子句的 select 语句，默认时间范围在 UTC 的 1677-09-21 00∶12∶43.145224194 和 now() 之间。时间语法支持绝对时间和相对时间。

可以通过时间字符串或 epoch 时间来指定绝对时间，具体语法如代码清单 4-53 所示。

代码清单 4-53

```
select * from <measure_name> where time <operator> ['<rfc3339_date_time_string>' | '<rfc3339_like_date_time_string>' | <epoch_time>] [and ['<rfc3339_date_time_string>' | '<rfc3339_like_date_time_string>' | <epoch_time>] [...]]
```

支持的操作符有 =（等于）、<>（不等于）、!=（不等于）、>（大于）、<（小

于)、>=(大于或等于)、<=(小于或等于),上述语法中用到了 rfc3399 时间字符串和 epoch,接下来分别介绍这两个时间格式,rfc3399 时间字符串格式如代码清单 4-54 所示。

代码清单 4-54

```
'YYYY-MM-DDTHH:MM:SS.nnnnnnnnZ'
```

.nnnnnnnn 是可选的,如果没有的话,默认是 .00000000,rfc3399 格式的时间字符串要用单引号引起来。当然可以简化写成如代码清单 4-55 所示的格式。

代码清单 4-55

```
'YYYY-MM-DD HH:MM:SS.nnnnnnnn'
```

HH:MM:SS.nnnnnnnn 是可选的,默认是 00:00:00.000000000。

epoch 时间是自 1970-01-01 00:00:00(UTC)以来所经过的时间。默认情况下,InfluxDB 假定所有 epoch 时间戳都是纳秒。也可以在 epoch 时间戳的末尾接一个表示时间精度的字符,以表示除纳秒以外的精度。具体包括 ns(纳秒)、us(微秒)、ms(毫秒)、s(秒)、m(分)、h(时)、d(天)、w(周)。

此外,还可以使用 now() 查询时间戳相对于服务器当前时间戳的数据。now() 是在该服务器上执行查询时服务器的 Unix 时间。"-"或"+"和时间字符串之间需要用空格隔开。支持的操作符有 =(等于)、<>(不等于)、!=(不等于)、>(大于)、<(小于)、>=(大于或等于)、<=(小于或等于)。

4.7 小结

本章介绍了 InfluxDB 的写入和查询操作,还详细地介绍了行协议、文件数据的导入以及类 SQL 命令 InfluxQL 等知识点。本章部分案例未附执行结果截图,读者可以自行使用客户端命令行去执行查看。学习完本章,读者就掌握了 InfluxDB 的基本操作,能够通过命令行等方式去使用 InfluxDB 数据库。

第 5 章
InfluxDB 的函数与运算

上一章介绍了 InfluxDB 的基本操作，包括数据的写入以及查询。本节将介绍 InfluxDB 的常用函数与数学运算符。InfluxDB 的常用函数主要分为四大类：聚合类、选择类、转换类、预测类。本章将从导入数据样本开始，介绍 InfluxDB 函数的功能及使用，最后介绍 InfluxDB 中支持的数学运算符。通过本章的学习，将了解到：

- 样本数据的导入。
- InfluxDB 常用函数分类及具体作用。

5.1 样本数据导入

本节的示例数据来自美国国家海洋和大气管理局 (NOAA) 的公开数据，这些数据包括 2015 年 8 月 18 日至 2015 年 9 月 18 日在两个站点［加利福尼亚州圣莫尼卡 (ID 9410840) 和加利福尼亚州 Coyote Creek (ID 9414575)］每 6 分钟收集的 15258 次水位 (ft) 观测值。

在将数据导入数据库之前，须先在数据库中为其创建一个名为 NOAA_water_database 的数据库，如代码清单 5-1 所示。

代码清单 5-1

```
CREATE DATABASE NOAA_water_databse
```

接着从终端上下载包含行协议格式的数据的文本文件，具体命令如代码清单 5-2 所示。

代码清单 5-2

```
curl https://s3.amazonaws.com/noaa.water-database/NOAA_data.txt -o NOAA_data.txt
```

通过 CLI 将数据写入 InfluxDB，具体命令如代码清单 5-3 所示。

代码清单 5-3

```
influx -import -path=NOAA_data.txt -precision=s -database=NOAA_water_database
```

数据导入之后，通过 SHOW measurements 命令可以看到该样本数据有 5 个 measurements，如代码清单 5-4 所示，其中 average_temperature 表示水样数据的平均温度，h2o_feet 表示水样数据的等级对应值，h2o_pH 表示水样数据的酸碱值，h2o_quality 表示水样数据的质量值，h2o_temperature 表示水样数据的温度。

代码清单 5-4

```
> SHOW measurements
name: measurements
------------------
name
average_temperature
h2o_feet
h2o_pH
h2o_quality
h2o_temperature
```

本章选用了数据库中表名为 h2o_feet 的数据，代码清单 5-5 列出了该表的部分数据，其中 level description 表示对水质量对应的级别描述，location 表示观测点所在位置，water_level 表示水质量等级对应值。

代码清单 5-5

```
> select *from h2o_feet where location='santa_monica' limit 10
name: h2o_feet
time                  level description     location       water_level
----                  -----------------     --------       -----------
1566000000000000000   below 3 feet          santa_monica   2.064
1566000360000000000   below 3 feet          santa_monica   2.116
1566000720000000000   below 3 feet          santa_monica   2.028
1566001080000000000   below 3 feet          santa_monica   2.126
1566001440000000000   below 3 feet          santa_monica   2.041
1566001800000000000   below 3 feet          santa_monica   2.051
1566002160000000000   below 3 feet          santa_monica   2.067
1566002520000000000   below 3 feet          santa_monica   2.057
1566002880000000000   below 3 feet          santa_monica   1.991
1566003240000000000   below 3 feet          santa_monica   2.054
```

5.2 InfluxDB 函数

样本数据导入完成之后，接下来介绍 InfluxDB 的常用函数。

5.2.1 函数说明

上面说到，InfluxDB 的函数分为四个大类：聚合类、选择类、转换类、预测类。每个类的主要含义如下。

- 聚合类：聚合类函数主要对一组行中的某个列执行计算，并返回单个值（会忽略空值）。聚合类函数经常与 SELECT 语句的 GROUP BY 子句一同使用。所有聚合类函数都具有确定性。任何时候用一组给定的输入值调用它们时，都返回相同的值。
- 选择类：选择类函数主要对一组数据进行统计计算，返回该组数据中特定的某个值或多个值。例如 TMAX() 函数可以返回一组数据中某个最大的数据值，如果某个表中某个字段的所有值为 {1，2，3，4}，那么使用 MAX() 函数将返回最大的值 4。
- 转换类：在 InfluxDB 应用的过程中，经常要将不同数据类型的数据进行相应转换，满足实际应用的需要。InfluxDB 提供了若干个转换类函数，较好地解决了数据类型转换的问题。
- 预测类：用于预测数据值何时会超过给定阈值，并将预测值与实际值进行比较以检测数据中的异常情况。

下面对每个类别的具体函数进行介绍。

5.2.2 聚合类函数

InfluxDB 提供的聚合类函数及其作用如表 5-1 所示，其中主要的有 COUNT() 函数、MEAN() 函数、SPREAD() 函数、SUM() 函数。

表 5-1 InfluxDB 聚合函数

聚合类函数	作用
COUNT()	返回一个字段中的非空值的数量
MEAN()	返回字段值中的算式平均值
SPREAD()	返回最小和最大字段值之间的差值
SUM()	返回字段值的总和
MEDIAN()	从字段值的排序列表中返回中间值
MODE()	返回字段值列表中出现频率最高的值
NTEGRAL()	返回后续字段值的曲线下面积
STDDEV()	返回字段值的标准差
DISTINCT()	返回唯一字段值的列表

关于每个函数的具体使用，读者可参考 https://docs.influxdata.com/influxdb/v1.8/query_language/functions/ 。这里选取了主要的几个聚合类函数用作演示，下面在样本数据中具体使用这些函数并体会其作用。

1. COUNT()

COUNT() 函数的作用是返回一个字段中的非空值的数量，基本句法如下：

SELECT COUNT([* | <field_key> | /<regular_expression>/]) FROM <measurement_name>

其中 COUNT(*) 表示返回与测量关联的每个字段的非空字段值的数量；COUNT(<field_key>) 表示返回一个字段中的非空数量值数量；COUNT(/<regular_expression>/) 表示计算与匹配正则表达式的每个字段键关联的字段值。

返回一个字段中的非空值的数量，如代码清单 5-6 所示。

代码清单 5-6

```
> SELECT COUNT("water_level") FROM "h2o_feet"
name: h2o_feet
time count
---- -----
0    15258
```

2. MEAN()

MEAN() 函数返回字段值中的算术平均值（平均值），基本语法如下：

```
SELECT MEAN( [ * | <field_key> | /<regular_expression>/ ] ) FROM <measurement_name>
```

其中 MEAN(*) 表示返回与 measurement 中每个字段键关联的平均字段值；MEAN(field_key) 表示返回与字段键关联的平均字段值；MEAN(/regular_expression/) 表示返回与匹配正则表达式的每个字段键关联的平均字段值。

返回 h2o_feet 中 water_level 字段键中的平均值，如代码清单 5-7 所示。

代码清单 5-7

```
> SELECT MEAN("water_level") FROM "h2o_feet"

name: h2o_feet
time                    mean
----                    ----
1970-01-01T00:00:00Z    4.442107025822522
```

3. SUM()

SUM() 函数返回字段值的总和，基本语法如下：

```
SELECT SUM( [ * | <field_key> | /<regular_expression>/ ] ) FROM <measurement_name>
```

其中 SUM(*) 表示返回与 measurement 中的每个字段键关联的字段值的总和；SUM(field_key) 表示返回与字段 key 关联的字段值的总和；SUM(/regular_expression/) 表示返回与匹配正则表达式的每个字段键关联的字段值的总和。

返回字段键和 h2o_feet 表中的字段值的总和，如代码清单 5-8 所示。

代码清单 5-8

```
> SELECT SUM(*) FROM "h2o_feet"

name: h2o_feet
time                    sum_water_level
----                    ---------------
1970-01-01T00:00:00Z    67777.66900000004
```

4. SPREAD()

基本语法如下：

```
SELECT SPREAD( [ * | <field_key> | /<regular_expression>/ ] ) FROM <measurement_name>
```

其中 SPREAD(*) 表示返回与 measurement 中的每个字段键关联的最小和最大字段值之间的差；SPREAD(field_key) 表示返回与字段 key 关联的最小和最大字段值之间的差；SPREAD(/regular_expression/) 表示返回与匹配正则表达式的每个字段键关联的最小和最大字段值之间的差。

计算与表中每个字段键关联的字段值的分布，如代码清单 5-9 所示。

代码清单 5-9

```
> SELECT SPREAD(*) FROM "h2o_feet"

name: h2o_feet
time                    spread_water_level
----                    ------------------
1970-01-01T00:00:00Z    10.574
```

5.2.3 选择类函数

InfluxDB 提供的选择类函数及其作用如表 5-2 所示。

表 5-2 InfluxDB 选择类函数

选择类函数	作用
TOP()	返回最大的前 n 个值。字段必须是整型或浮点型
BOTTOM()	返回最小的前 n 个值。字段必须是整型或浮点型
FIRST()	返回时间戳最早的字段值
LAST()	返回时间戳最新的字段值
MAX()	返回最大的字段值
MIN()	返回最小的字段值
PERCENTILE()	返回第 n 个百分位字段值
SAMPLE()	返回 n 个字段值的随机样本

下面以其中主要的几个函数为例，在样本数据中演示其作用。

1. TOP()

TOP() 函数的作用是返回最大的前 n 个值，基本句法如下：

SELECT TOP(<field_key>[,<tag_key(s)>],<N>) FROM <measurement_name>

其中 TOP(field_key,N) 返回一个字段中最大的 n 个值；TOP(field_key,tag_key(s),N) 表示返回指定 tag 的最大的 n 个值；TOP(field_key,N),tag_key(s),field_key(s) 表示返回与括号中的字段键和相关标签或字段关联的最大的 n 个值。

返回 measurement 中最大的 3 个字段值，如代码清单 5-10 所示。

代码清单 5-10

```
> SELECT TOP("water_level",3) FROM "h2o_feet"

name: h2o_feet
time                    top
----                    ---
2015-08-29T07:18:00Z    9.957
2015-08-29T07:24:00Z    9.964
2015-08-29T07:30:00Z    9.954
```

2. FIRST()

FIRST() 函数的作用是返回时间戳最早的一条数据，基本句法如下：

SELECT FIRST(<field_key>)[,<tag_key(s)>|<field_key(s)>] FROM <measurement>

其中 FIRST(field_key) 表示返回与字段键关联的最早的字段值（由时间戳确定）；FIRST(*) 表示返回与 measurement 中的每个字段键关联的最早字段值（由时间戳确定）；FIRST(field_key),tag_key(s),field_key(s) 表示返回与括号中的字段键和相关标签或字段相关联的最早字段值（由时间戳确定）。

返回与字段键和 h2o_feet 测量值关联的最早的字段值，如代码清单 5-11 所示。

代码清单 5-11

```
> SELECT FIRST("level description") FROM "h2o_feet"

name: h2o_feet
time                    first
----                    -----
2015-08-18T00:00:00Z    between 6 and 9 feet
```

3. MAX()

MAX() 函数的作用是返回某个字段的最大值，基本句法如下：

SELECT MAX(<field_key>)[,<tag_key(s)>|<field__key(s)>] FROM <measurement>

其中 MAX(field_key) 表示返回该字段的最大值；MAX(/regular_expression/) 表示返回与匹配正则表达式的每个字段键关联的最大值；MAX(*) 表示返回与 measurement 中每个字段键关联的最大字段值。

返回 h2o_feet 中 water_level 的最大值，如代码清单 5-12 所示。

代码清单 5-12

```
> SELECT MAX("water_level") FROM "h2o_feet"

name: h2o_feet
time                    max
----                    ---
2015-08-29T07:24:00Z    9.964
```

5.2.4 转换类函数

转换类函数主要用于完成数据的类型转换，InfluxDB 提供的转换类函数及其作用如表 5-3 所示。

表 5-3 InfluxDB 转换类函数

转换类函数	作用
ABS()	返回字段值的绝对值
ACOS()	返回字段值的反余弦（以弧度为单位）。字段值必须是 −1 ~ 1

续表

转换类函数	作用
ASIN()	返回字段值的反正弦（以弧度为单位）。字段值必须是 -1～1
ATAN()	返回字段值的反正切（以弧度为单位）。字段值必须是 -1～1
ATAN2()	y/x 返回以弧度为单位的反正切
CEIL()	返回向上舍入到最接近整数的后续值
COS()	返回字段值的余弦
CUMULATIVE_SUM()	返回后续字段值的累计
DERIVATIVE()	返回后续字段值之间的变化率
DIFFERENCE()	返回后续字段值之间的减法结果
ELAPSED()	返回后续字段值的时间戳之间的差异
EXP()	返回字段值的指数
FLOOR()	返回向下舍入到最接近整数的后续值
LN()	返回字段值的自然对数
LOG()	返回自定义基数为底的字段值的对数
LOG2()	返回以 2 为底的字段值的对数
LOG10()	返回以 10 为底的字段值的对数
MOVING_AVERAGE()	返回后续字段值窗口的滚动平均值
NON_NEGATIVE_DERIVATIVE()	返回后续字段值之间的非负变化率。非负变化率包括正变化率和等于零的变化率
NON_NEGATIVE_DIFFERENCE()	返回后续字段值之间减法的非负结果。减法的非负结果包括正差和等于零的差
POW()	将字段值返回 x 的幂
ROUND()	返回四舍五入到最接近整数的后续值
SIN()	返回字段值的正弦
SQRT()	返回字段值的平方根
TAN()	返回字段值的正切

下面以 DERIVATIVE() 函数、DIFFERENCE() 函数为例演示其作用。

1.DERIVATIVE()

InfluxDB 会计算按照时间进行排序的字段值之间的差异，并将这些结果转化为单位变化率。其中，单位可以指定，默认为 1s，基本句法如下：

SELECT DERIVATIVE(<field_key>, [<unit>]) FROM <measurement_name>

其中 DERIVATIVE(field_key) 表示返回与字段键关联的后续字段值之间的变化率；DERIVATIVE(/regular_expression/) 表示返回与匹配正则表达式的每个字段键关联的后续字段值之间的变化率；DERIVATIVE(*) 表示返回与 measurement 中每个字段键关联的后续字段值之间的变化率。

使用 NOAA_water_database 数据子样本进行演示，如代码清单 5-13 所示。

代码清单 5-13

```
> SELECT "water_level" FROM "h2o_feet" WHERE "location" =
'santa_monica' AND time >= '2015-08-18T00:00:00Z' AND time <=
'2015-08-18T00:30:00Z'

name: h2o_feet
time                       water_level
----                       -----------
2015-08-18T00:00:00Z       2.064
2015-08-18T00:06:00Z       2.116
2015-08-18T00:12:00Z       2.028
2015-08-18T00:18:00Z       2.126
2015-08-18T00:24:00Z       2.041
2015-08-18T00:30:00Z       2.051
```

返回与字段键关联的字段值与测量值之间的 1 秒变化率，如代码清单 5-14 所示。

代码清单 5-14

```
> SELECT DERIVATIVE("water_level") FROM "h2o_feet" WHERE "location"
= 'santa_monica' AND time >= '2015-08-18T00:00:00Z' AND time <=
'2015-08-18T00:30:00Z'

name: h2o_feet
time                       derivative
----                       ----------
2015-08-18T00:06:00Z       0.00014444444444444457
2015-08-18T00:12:00Z       -0.00024444444444444465
2015-08-18T00:18:00Z       0.0002722222222222218
2015-08-18T00:24:00Z       -0.000236111111111111
2015-08-18T00:30:00Z       2.777777777777842e-05
```

2.DIFFERENCE()

DIFFERENCE() 函数的作用是返回后续字段值之间的减法结果，基本句法如下：
SELECT DIFFERENCE([* | <field_key> | /<regular_expression>/]) FROM <measurement>

其中 DIFFERENCE(field_key) 表示返回与字段 key 关联的后续字段值之间的差异；DIFFERENCE(/regular_expression/) 表示返回与匹配正则表达式的每个字段键关联的后续字段值之间的差异；DIFFERENCE(*) 表示返回与 measurement 中每个字段键关联的后续字段值之间的差异。

使用 NOAA_water_database 数据子样本进行演示，如代码清单 5-15 所示。

代码清单 5-15

```
> SELECT "water_level" FROM "h2o_feet" WHERE time >=
'2015-08-18T00:00:00Z' AND time <= '2015-08-18T00:30:00Z' AND "location"
= 'santa_monica'
```

```
name: h2o_feet
time                    water_level
----                    -----------
2015-08-18T00:00:00Z    2.064
2015-08-18T00:06:00Z    2.116
2015-08-18T00:12:00Z    2.028
2015-08-18T00:18:00Z    2.126
2015-08-18T00:24:00Z    2.041
2015-08-18T00:30:00Z    2.051
```

返回字段键和 h2o_feet 中后续字段值之间的差异,通过后一个值减去前一个值返回结果,如代码清单 5-16 所示。

代码清单 5-16

```
> SELECT DIFFERENCE("water_level") FROM "h2o_feet" WHERE time >=
'2015-08-18T00:00:00Z' AND time <= '2015-08-18T00:30:00Z' AND "location"
= 'santa_monica'

name: h2o_feet
time                    difference
----                    ----------
2015-08-18T00:06:00Z    0.052000000000000046
2015-08-18T00:12:00Z    -0.08800000000000008
2015-08-18T00:18:00Z    0.09799999999999986
2015-08-18T00:24:00Z    -0.08499999999999996
2015-08-18T00:30:00Z    0.010000000000000231
```

5.2.5 预测类函数

InfluxDB 提供的预测类函数只有一个:HOLT_WINTERS(),使用 Holt-Winters 季节性方法可以返回 n 个预测字段值。

其基本语法为:

SELECT HOLT_WINTERS[_WITH-FIT](<function>(<field_key>),<N>,<S>) FROM <measurement>

其中 HOLT_WINTERS(function(field_key),<N>,<S>) 表示返回指定字段键的 n 个季节性调整的预测字段值。

n 个预测值与 GROUP BY time() 间隔相同。如果设置 GROUP BY time() 间隔为 6m,N 为 3,那么将会得到 3 个预测值,每个预测值相隔 6 分钟。

S 是季节模式参数,根据 GROUP BY time() 间隔划分季节模式的长度。如果设置 GROUP BY time() 间隔为 2m,S 为 3,则季节性模式每 6 分钟出现一次,即每 3 个数据点出现一次。如果不想按季节调整预测值,可以将 S 设置为 0 或 1。

5.3 数学运算

InfluxDB 的数学运算符遵循标准的运算顺序。也就是说，括号优先于除法和乘法，乘法和除法优先于加法和减法。

5.3.1 常用运算符

InfluxDB 支持的常用运算符有加法、减法、乘法、除法、模运算、与运算、或运算、非运算。下面对这些运算符的作用一一进行演示。

1. 加法（Addition）

用常数进行加法，如代码清单 5-17 所示。

代码清单 5-17

```
SELECT "A" + 5 FROM "add"
-------------------------------
SELECT * FROM "add" WHERE "A" + 5 > 10
```

对两个字段执行加法，如代码清单 5-18 所示。

代码清单 5-18

```
SELECT "A" + "B" FROM "add"
-----------------------------------------
SELECT * FROM "add" WHERE "A" + "B" >= 10
```

2. 减法（Subtraction）

用常数进行减法，如代码清单 5-19 所示。

代码清单 5-19

```
SELECT 1 - "A" FROM "sub"
--------------------------------------
SELECT * FROM "sub" WHERE 1 - "A" <= 3
```

对两个字段执行减法，如代码清单 5-20 所示。

代码清单 5-20

```
SELECT "A" - "B" FROM "sub"
--------------------------------------
SELECT * FROM "sub" WHERE "A" - "B" <= 1
```

3. 乘法（Multiplication）

执行与常数的乘法，如代码清单 5-21 所示。

代码清单 5-21

```
SELECT 10 * "A" FROM "mult"
------------------------------------------
SELECT * FROM "mult" WHERE "A" * 10 >= 20
```

使用两个字段执行乘法运算，如代码清单 5-22 所示。

代码清单 5-22

```
SELECT "A" * "B" * "C" FROM "mult"
------------------------------------------
SELECT * FROM "mult" WHERE "A" * "B" <= 80
```

乘法作用在其他运算符上，如代码清单 5-23 所示。

代码清单 5-23

```
SELECT 10 * ("A" + "B" + "C") FROM "mult"
------------------------------------------
SELECT 10 * ("A" - "B" - "C") FROM "mult"
------------------------------------------
SELECT 10 * ("A" + "B" - "C") FROM "mult"
```

4. 除法（Division）

用常数进行除法，如代码清单 5-24 所示。

代码清单 5-24

```
SELECT 10 / "A" FROM "div"
------------------------------------------
SELECT * FROM "div" WHERE "A" / 10 <= 2
```

用两个字段进行除法，如代码清单 5-25 所示。

代码清单 5-25

```
SELECT "A" / "B" FROM "div"
------------------------------------------
SELECT * FROM "div" WHERE "A" / "B" >= 10
```

除法作用在其他运算符上，如代码清单 5-26 所示。

代码清单 5-26

```
SELECT 10 / ("A" + "B" + "C") FROM "mult"
```

5. 模运算（Modulo）

使用常数执行模运算，如代码清单 5-27 所示。

代码清单 5-27

```
SELECT "B" % 2 FROM "modulo"
------------------------------------------
SELECT "B" FROM "modulo" WHERE "B" % 2 = 0
```

对两个字段执行模运算，如代码清单 5-28 所示。

代码清单 5-28
```
SELECT "A" % "B" FROM "modulo"
-----------------------------------------
SELECT "A" FROM "modulo" WHERE "A" % "B" = 0
```

6. 与运算（Bitwise AND）

与运算符可以和任意整型或布尔型一起使用，无论它们是字段还是常量。但它不适用于浮点型或字符串型，并且不能混合使用整数和布尔值，如代码清单 5-29 所示。

代码清单 5-29
```
SELECT "A" & 255 FROM "bitfields"
-----------------------------------------
SELECT "A" & "B" FROM "bitfields"
-----------------------------------------
SELECT * FROM "data" WHERE "bitfield" & 15 > 0
-----------------------------------------
SELECT "A" & "B" FROM "booleans"
-----------------------------------------
SELECT ("A" ^ true) & "B" FROM "booleans"
```

7. 或运算（Bitwise OR）

或运算符可以和任何整型或布尔型一起使用，无论它们是字段还是常量。但它不适用于浮点型或字符串型，并且不能混合使用整数和布尔值，如代码清单 5-30 所示。

代码清单 5-30
```
SELECT "A" | 5 FROM "bitfields"
-----------------------------------------
SELECT "A" | "B" FROM "bitfields"
-----------------------------------------
SELECT * FROM "data" WHERE "bitfield" | 12 = 12
```

8. 非运算（Bitwise Exclusive-OR）

非运算符可以和任何整型或布尔型一起使用，无论它们是字段还是常量。但它不适用于浮点型或字符串型，并且不能混合使用整数和布尔值，如代码清单 5-31 所示。

代码清单 5-31
```
SELECT "A" ^ 255 FROM "bitfields"
-----------------------------------------
SELECT "A" ^ "B" FROM "bitfields"
-----------------------------------------
SELECT * FROM "data" WHERE "bitfield" ^ 6 > 0
```

5.3.2 数学运算符的常见问题

了解了数学运算符的基本使用之后，需要了解使用数学运算符有哪些注意事项，主要有以下两个问题：
- 带有通配符和正则表达式的数学运算符。
- 具有函数的数学运算符。

问题一：InfluxDB 不支持在子句中将数学运算与通配符 (*) 或正则表达式组合使用。SELECT 查询会无效，系统返回错误。

对通配符执行数学运算，如代码清单 5-32 所示。

代码清单 5-32

```
> SELECT * + 2 FROM "nope"
ERR: unsupported expression with wildcard: * + 2
```

对函数内的通配符执行数学运算，如代码清单 5-33 所示。

代码清单 5-33

```
> SELECT COUNT(*) / 2 FROM "nope"
ERR: unsupported expression with wildcard: count(*) / 2
```

对正则表达式执行数学运算，如代码清单 5-34 所示。

代码清单 5-34

```
> SELECT /A/ + 2 FROM "nope"
ERR: error parsing query: found +, expected FROM at line 1, char 12
```

对函数内的正则表达式执行数学运算，如代码清单 5-35 所示。

代码清单 5-35

```
> SELECT COUNT(/A/) + 2 FROM "nope"
ERR: unsupported expression with regex field: count(/A/) + 2
```

问题二：InfluxDB 目前不支持在函数调用中使用数学运算符，InfluxDB 仅允许 SELECT 子句中的函数。

例如，SELECT 10 * mean("value") FROM "cpu" 会正常执行，但 SELECT mean(10 * "value") FROM "cpu" 将会产生解析错误。

5.4 小结

学习到这里，相信大家对 InfluxDB 的函数与运算有了新的认识。其实，InfluxDB 提供的函数与运算符与其他传统关系数据库的函数大多较为类似，如果读者有其他数据库的使用经验，那么相信在 InfluxDB 中也能较好地运用起来。本书到这里已经将 InfluxDB 的基本操作介绍完成了，在下一章，将介绍 InfluxDB 的连续查询，这一功能是其他关系数据库所没有的。

第 6 章
InfluxDB 连续查询

在对于时序数据的查询场景中,经常面对的是每秒千万级别的海量接入请求,在面对这些海量请求时,传统关系数据库通常会出现访问效率低下等一系列问题。为了避免这些情况,InfluxDB 提出了连续查询这个解决方案,可以通过连续查询来提高查询效率以及降低查询延迟。本章先从基本概念讲起,介绍连续查询基本语法并结合实例讲解复杂语法,最后介绍连续查询的管理以及连续查询的基本应用场景。通过本章的学习,将了解到:

- InfluxDB 连续查询的基本概念。
- InfluxDB 连续查询的基本语法和高级语法的使用。
- InfluxDB 连续查询的管理和应用场景。

6.1 连续查询

连续查询是 InfluxDB 提供的一种查询类型，其概念较新颖，它会按照用户自定义的规则执行查询。换句话说，连续查询就是一个函数，它在数据库内部自动地、周期性地运行，并其将查询的结果数据存储在新的结果表中。通过这样的设计，新表中的数据量大大减小。同时，查询后的结果都保存在新表中，用户可以直接在新表里面查询需要的内容，查询效率得到了大幅提升。

为了更直观地让读者了解什么是连续查询，图 6-1 列出了本章样本数据执行连续查询的前后状态对比，图 6-1（a）是未处理的原始的时序数据，图 6-1（b）是通过连续查询后得到的某一时间段内原始数据的平均值，可以看到连续查询将原始数据的字段执行聚合运算之后得到的新值。

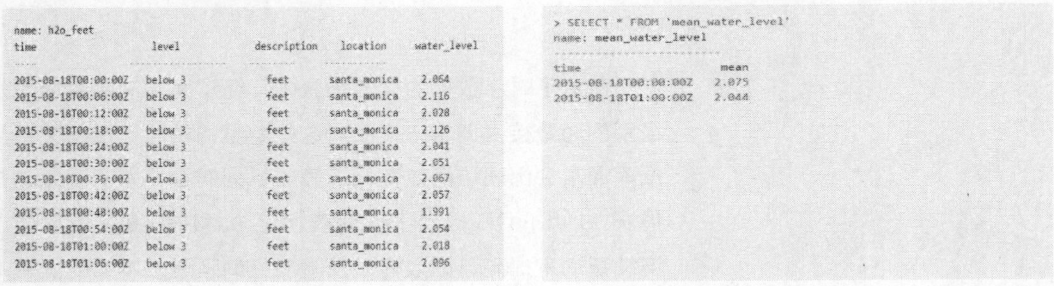

图 6-1 连续查询数据前后对比

6.2 样本数据导入

本章实验的样本数据来自美国国家海洋和大气管理局(NOAA)的公开数据，这些数据包括 2015 年 8 月 18 日至 2015 年 9 月 18 日在两个站点［加利福尼亚州圣莫尼卡(ID 9410840)和加利福尼亚州 Coyote Creek(ID 9414575)］每 6 分钟收集的 15258 次水位(ft)观测值。

在导入数据前，请确保已在设备上安装了 InfluxDB。下面为样本数据建立一个名为 NOAA_water_database 的数据库，命令如代码清单 6-1 所示。

代码清单 6-1

```
> CREATE DATABASE NOAA_water_database
> exit
```

然后从终端上下载包含行协议格式的数据的文本文件，命令如代码清单 6-2 所示。

代码清单 6-2

```
curl https://www.hellodemos.com/package/influxdb-book/NOAA_data.txt -o NOAA_data.txt
```

通过 CLI 将数据写入 InfluxDB，命令如代码清单 6-3 所示。

代码清单 6-3

```
influx -import -path=NOAA_data.txt -precision=s -database=NOAA_water_database
```

数据导入之后，通过 SHOW measurements 命令可以看到该样本数据有 5 个 measurements，如代码清单 6-4 所示。

代码清单 6-4

```
> SHOW measurements
name: measurements
------------------
name
average_temperature
h2o_feet
h2o_pH
h2o_quality
h2o_temperature
```

选择 h2o_feet 中的 location 为 santa_monica 的前 12 个观测值用作实验分析，其中 time 代表数据时间戳，level、description、location 分别表示水样质量等级、等级描述和观测点所在位置，这里主要对 water_level 进行计算分析，示例数据如代码清单 6-5 所示。

代码清单 6-5

```
name: h2o_feet
time                    level       description    location       water_level
----                    --------    --------       --------       ----------
2015-08-18T00:00:00Z    below 3     feet           santa_monica   2.064
2015-08-18T00:06:00Z    below 3     feet           santa_monica   2.116
2015-08-18T00:12:00Z    below 3     feet           santa_monica   2.028
2015-08-18T00:18:00Z    below 3     feet           santa_monica   2.126
2015-08-18T00:24:00Z    below 3     feet           santa_monica   2.041
2015-08-18T00:30:00Z    below 3     feet           santa_monica   2.051
2015-08-18T00:36:00Z    below 3     feet           santa_monica   2.067
2015-08-18T00:42:00Z    below 3     feet           santa_monica   2.057
2015-08-18T00:48:00Z    below 3     feet           santa_monica   1.991
2015-08-18T00:54:00Z    below 3     feet           santa_monica   2.054
2015-08-18T01:00:00Z    below 3     feet           santa_monica   2.018
2015-08-18T01:06:00Z    below 3     feet           santa_monica   2.096
```

6.3 创建连续查询

要创建一个连续查询，其语法格式如下所示：
CREATE CONTINUOUS QUERY <cq_name> ON <database_name>
BEGIN
<cq_query>
END

上述语句中，CREATE CONTINUOUS QUERY 为创建一条连续查询，其余参数含义如下。

- <cq_name>：创建的连续查询的名字。命名时注意使用小写英文字母，多个单词用下画线分隔。
- <database_name>：作用在哪一个数据库上。
- <cq_query>：连续查询功能语句。

上述语句大致含义为，在 <database_name> 这个数据库中创建一条名为 <cq_name> 的连续查询，连续查询的具体功能由 <cq_query> 指定，下面详细介绍 <cq_query> 的含义。

6.3.1 <cq_query> 语句

语法中的 cq_query 指的是具体的查询语句，其基本语法如下：
SELECT <function[s]>
INTO <destination_measurement>
FROM <measurement>
[WHERE <stuff>]
GROUP BY time(<interval>)[,<tag_key[s]>]

这段语法的大致含义是从某张表中，选择某些数据，经过处理后，放入一个目标表中。cq_query 子句依次由 SELECT 关键字、InfluxDB 的函数、一个 INTO 子句以及一个 GROUP BY time() 子句组成。下面对上述语句的参数进行简单介绍。

- <function[s]>：InfluxDB 的函数，用于处理要查询的数据。如 MAX()、COUNT() 等。
- <destination_measurement>：数据查询处理后要插入的新表。若表已存在，则在该表的基础上继续写入数据；若该表未创建，则系统会在执行时自动创建。
- < measurement >：连续查询要查询的表，这就是连续查询的数据源。
- < stuff >：查询条件，属于可选参数。
- < interval >：连续查询执行的时间间隔和查询的时间范围。
- < tag_key[s] >：归类标签，使用指定 tag 对查询结果进行分组，属于可选参数。

需要注意的是，在 WHERE 子句中，不需要用户手动指定时间范围，因为连续查询在执行时会根据语句中的 interval 自动生成查询的时间范围。如果用户在 WHERE 子句中指定了时间范围，系统在执行时也会自动忽略掉。

6.3.2　连续查询运行时刻及查询的时间范围

连续查询作为一个采样函数，不能时刻运行，它需要一个定时器触发其运行。这个定时时间由 GROUP BY time(interval) 确定，InfluxDB 会根据语句中的 GROUP BY time() 指定时间间隔 interval，使用本地服务器的时间戳和系统预设的时间边界来决定什么时候执行查询和查询覆盖的时间范围。例如，语句中 GROUP BY time(1h) 指定时间间隔为 1 个小时，那么系统则会在诸如 13:00、14:00、15:00 这种每个小时开始的时候执行。GROUP BY time(interval) 中的 interval 常用取值单位见表 6-1。

表 6-1　interval 常用取值单位

单位	含义
s	秒
m	分
h	小时
d	天
w	周

连续查询执行时，先通过 NOW() 函数获取本地服务器时间，再用这个时间减去语句中指定的 interval 时间间隔，中间这段时间就是连续查询要覆盖的时间范围。例如 GROUP BY time(1h) 指定 1 个小时，如果当前时间为 11:50，则查询的时间范围为 10:50 至 11:49.999999999。如果当前时间为 13:00，则查询的时间范围为 12:00 至 12:59.999999999。注意不包括 13:00，13:00 的数据将放入下一条结果数据中。

6.3.3　连续查询举例

接下来，使用代码清单 6-5 中的数据，通过一个简单的连续查询从该表中的 water_level 字段中采样数据，每隔 30 分钟统计一次前 30 分钟的平均数据，并将结果写入同数据库的另一张新表中，如代码清单 6-6 所示。

代码清单 6-6

```
CREATE CONTINUOUS QUERY 'cq_mean' ON 'NOAA_water_database'
BEGIN
  SELECT mean("water_level") INTO "mean_water_level" FROM "h2o_feet"
  GROUP BY time(30m)
End
```

可以看到，上述语句的功能是在名为 NOAA_water_database 的数据库中创建了一个名为 cq_mean 的连续查询，用于计算 water_level 的平均值，并将结果存储在 mean_ water_level 新表中。cq_mean 每 30 分钟执行一次，与 GROUP BY time() 时间隔了相同的时间，所以是每隔 30 分钟连续查询一次。

接下来查看上述语句是否执行成功，首先看一下新表是否被创建，可以通过 show measurements 语句查看，如代码清单 6-7 所示。

代码清单 6-7

```
> SHOW measurements
name: measurements
name
----
restaurant_data
mean_water_level
```

该条连续查询在执行过程中，在 00:30 时该条连续查询执行的时间范围为 time>=00:00 AND time<00:30，往新表 mean_water_level 中写入一个点，如代码清单 6-8 所示。

代码清单 6-8

```
name: mean_water_level
-----------------------
time                    mean
2015-08-18T00:00:00Z    2.075
```

在 01:00 时，该条连续查询执行的时间范围为 time>=00:30 AND time<01:00，往新表 mean_water_level 中写入一个点，如代码清单 6-9 所示。

代码清单 6-9

```
name: mean_water_level
-----------------------
time                    mean
2015-08-18T01:00:00Z    2.044
```

最后通过查询语句来查看写入的数据，命令如代码清单 6-10 所示。

代码清单 6-10

```
SELECE * FROM 'mean_water_level'
```

查询结果如代码清单 6-11 所示。

代码清单 6-11

```
> SELECT * FROM 'mean_water_level'
name: mean_water_level
-----------------------
time                    mean
2015-08-18T00:00:00Z    2.075
2015-08-18T01:00:00Z    2.044
```

6.4 复杂连续查询

在连续查询的基本语法中，GROUP BY time(interval) 中的 interval 既决定了连续查询的时间间隔，又决定了连续查询的时间范围，但是在实际工作场景中，连续查询的时间间隔值不一定和查询的时间范围值相等，例如要每隔 30 分钟查询前 1 小时的数据，这时就需要使用连续查询的高级特性。

6.4.1 创建高级连续查询

要创建一条高级连续查询，其基本格式语法如下：
CREATE CONTINUOUS QUERY <cq_name> ON <database_name>
RESAMPLE EVERY <interval> FOR <interval>
BEGIN
 <cq_query>
END

相比于基础连续查询，复杂查询多了一个 RESAMPLE，RESAMPLE 是采样的意思，可以通过这个子句指定更具体的查询时间和间隔。下面对 RESAMPLE 子句的参数做简单介绍。

- EVERY <interval>：连续查询指定的时间间隔，每隔该参数指定的时间，系统就会在预先指定的时间点执行查询。
- FOR <interval>：连续查询指定的时间范围，与基本连续查询同理，先通过 NOW() 函数获取本地服务器的时间，然后用本地时间减去该参数指定的时间，得到的值就是要执行查询的时间范围。如果 FOR 指定时间间隔为 30 分钟，本地服务器时间为 11：00，则要查询的时间范围为 10：30 到 10:59.99999999。也就是说，连续查询执行的每个时间点的查询时间范围，本地服务器时间为右不闭合区间，本地时间减去间隔时间得到的值为左闭合区间。

6.4.2 高级连续查询的时间设置

在高级连续查询语句中，多处都指定了时间间隔和时间范围，这可能会出现如下两种情况：

（1）如果 EVERY <interval> 指定的时间大于 GROUP BY time() 设置的时间间隔，此时如果没有设置 FOR 子句，则会按照 EVERY 指定的时间间隔执行，而且执行时间范围是按照本地服务器时间减去 EVERY 指定的时间所产生的时间间隔执行。这个时候

GROUP BY time() 指定的时间不会生效,图 6-2 简易说明了连续查询对于时间间隔的选择。

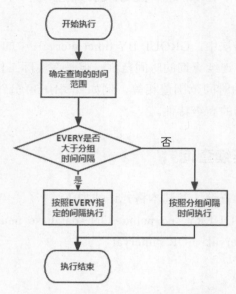

图 6-2 连续查询时间间隔选择流程图

例如,EVERY 指定的时间是 30 分钟,GROUP BY time(10m) 指定的时间为 10 分钟,那么系统会按照 30 分钟的时间间隔执行查询,且时间范围为当前时间减去 30 分钟所产生的时间间隔。本地时间为 10:00 时,查询的时间范围就为 9:30 到 9:59.99999999。

(2) FOR 为连续查询指定的时间间隔,指定的时间范围必须大于连续查询执行的时间间隔,前面说过,高级连续查询的查询时间范围可以由两个参数指定,但要注意,FOR 指定的时间间隔必须大于前面指定的时间间隔,否则,InfluxDB 为了避免有数据但没有被连续查询覆盖到的情况发生,会报出如代码清单 6-12 所示错误。

代码清单 6-12

```
error parsing query:
 FOR duration must be >= GROUP BY time duration:
 must be a minimum of <minimum-allowable-interval> got <user-specified-interval>
```

为避免该情况发生,在指定 FOR 时间间隔的时候,如果 EVERY 没有指定时间间隔,就必须确保大于 GROUP BY time() 指定的时间间隔。如果 EVERY 指定了时间间隔,就必须确保大于 EVERY 指定的时间间隔。例如 EVERY 指定的时间间隔为 1 小时,那么 FOR 指定的时间必须大于 1 小时,当 FOR 指定的时间间隔为 2 小时,本地时间为 12:00 时,那么连续查询的时间范围就为 10:00 到 11:59.999999999,图 6-2 简易说明了其流程。

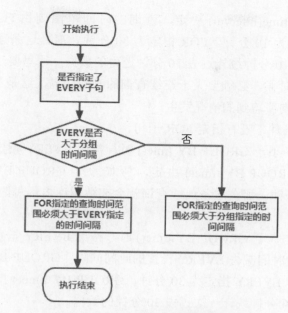

图 6-3　FOR 时间间隔选择流程图

6.4.3　GROUP BY time()、EVERY、FOR 三者关系

通过上面对 EVERY、FOR、GROUP BY 的介绍，读者可能还是会对三者之间的关系感到不理解，表 6-2 列出了这三个参数不同的组合情况。

表 6-2　EVERy、FOR、GROUP BY 的不同组合情况

情况类型	GROUP BY time()	EVERY	FOR
情况 1	有	无	无
情况 2	有	无	有
情况 3	有	有	无
情况 4	有	有	有
情况 5	无	无	无
情况 6	无	无	有
情况 7	无	有	有
情况 8	无	有	无

由于在连续查询语句中，GROUP BY time() 为必需组成部分，所以情况 5、情况 6、情况 7、情况 8 显然是不合理的，这里不做讨论。

- 情况 1：此时连续查询语句中不存在 EVERY、FOR，即没有 RESAMPLE 子句。说明该条连续查询是一条基本连续查询，interval 既决定了连续查询的时间间隔，又决定了连续查询的查询时间范围。假如 interval 指定为 10 分钟，那么这条连续查询就会在数据库内部每隔 10 分钟统计一次过去 10 分钟内的数据。
- 情况 2：此条件下没有指定 EVERY 子句，那么连续查询的时间间隔将由

GROUP BY time(interval) 决定，查询的时间范围则由 FOR 语句指定。如果 interval 指定为 10 分钟，FOR 指定为 30 分钟。那么这条连续查询就会在数据库内部每隔 10 分钟统计过去 30 分钟之内的数据。这里要注意的是，FOR 指定时间范围的时候，必须要大于连续查询的时间间隔，这是为了避免有数据但没有被连续查询覆盖到的情况发生。

- 情况 3：此条件下没有指定 FOR 子句。

（1）当 EVERY 小于 GROUP BY time() 时，按照 EVERY 指定的时间间隔执行，查询时间范围由 GROUP BY time() 决定，假如设定 GROUP BY time() 为 1 小时，EVERY 指定为 30 分钟，那么这条连续查询就会在数据库内部每隔 30 分钟统计一次过去 1 小时的数据。

（2）当 EVERY 大于 GROUP BY time() 时，按照 EVERY 指定的时间间隔执行，查询时间范围是当前时间减去 EVERY 设置的时间间隔［GROUP BY time() 指定的时间间隔不生效］。例如 EVERY 指定为 30 分钟，GROUP BY time() 指定为 10 分钟，那么该条连续查询每隔 30 分钟统计一次过去 30 分钟的数据。

- 情况 4：在三者都有指定的时候，须确保 FOR 指定的时间范围大于连续查询 EVERY 的时间间隔，此时连续查询按照 EVERY 指定的时间间隔执行，查询时间范围由 FOR 决定，例如 EVERY 指定为 15 分钟，FOR 指定为 60 分钟，GROUP BY time() 指定为 30 分钟，那么该条连续查询将每隔 15 分钟统计前 60 分钟的数据。

6.4.4　高级连续查询举例

继续以样本数据为例，要求每间隔 6 分钟统计前 12 分钟内 water_level 的平均值，在如代码清单 6-13 所示的高级连续查询语句中，指定了 EVERY 的时间间隔为 6 分钟，连续查询的时间范围为 12 分钟。

代码清单 6-13

```
CREATE CONTINUOUS QUERY 'cq_mean_every' ON 'NOAA_water_database'
RESAMPLE EVERY 6m
BEGIN
  SELECT mean("water_level") INTO "mean_every" FROM "h2o_feet" GROUP BY time(12m)
End
```

在 00:12 时刻，连续查询执行时间范围为 time>=00:00 AND time<00:12。向 mean_every 写入一个点，如代码清单 6-14 所示。

代码清单 6-14

```
name: mean_every
-----------------------
```

```
time                        mean
2015-08-18T00:12:00Z        2.09
```

在 00:18 时刻,连续查询执行时间范围为 time> =00:06AND time <00:18。 向 mean_every 写入一个点,如代码清单 6-15 所示。

代码清单 6-15

```
name: mean_every
-----------------------
time                        mean
2015-08-18T00:18:00Z        2.072
```

在 00:24 时刻,连续查询执行时间范围为 time> =00:12AND time <00:24。 向 mean_every 写入一个点,如代码清单 6-16 所示。

代码清单 6-16

```
name: mean_every
-----------------------
time                        mean
2015-08-18T00:24:00Z        2.077
```

连续查询执行后,通过查询语句查看 mean_every 表结果,如代码清单 6-17 所示。

代码清单 6-17

```
> SELECT * FROM "mean_every"
name: mean_every
-----------------------
time                        sum
2015-08-18T00:12:00Z        2.09
2015-08-18T00:18:00Z        2.072
2015-08-18T00:24:00Z        2.077
```

6.5 连续查询的管理

6.5.1 查询所有连续查询

有时候需要知道 InfluxDB 中有哪些连续查询,包括每个连续查询的名字以及完成的功能,可以通过执行下面的命令返回所有创建好的连续查询:
SHOW CONTINUOUS QUERIES
需要注意的是,查询所有连续查询的时候,是以数据库为维度进行汇聚的,也就是说,在执行查询语句后,会返回所有数据库,每个数据库会显示该库下所有创建好的连续查询及具体命令。如代码清单 6-18 所示,可以查看创建好的连续查询。

代码清单 6-18

```
> SHOW CONTINUOUS QUERIES
name: _internal
name query
---- -----


name: NOAA_water_database
name    cq_mean
----    -----
cq_mean CREATE CONTINUOUS QUERY cq_mean ON NOAA_water_database BEGIN
SELECT mean(water_level) INTO NOAA_water_database.autogen.mean_water_
level FROM NOAA_water_database.autogen.h2o_feet GROUP BY time(30m) END
```

可以看到在 NOAA_water_database 数据库中存在一条名为 cq_mean 的连续查询，其后面跟着的是创建该连续查询的具体语句。可以通过创建语句分析出连续查询的作用。

6.5.2 删除连续查询

当不再需要对某个数据库进行采样操作时，就必须删除该数据库内运行的连续查询。要从一个指定的数据库中删除连续查询，可以通过下面的语句执行：

DROP CONTINUOUS QUERY <cq_name> ON <database_name>

该语法是指在 database_name 数据库中删除 cq_name0 连续查询，并返回一个空的结果。举例：从 NOAA_water_database 数据库中删除 cq_mean 查询记录，如代码清单 6-19 所示。

代码清单 6-19

```
DROP CONTINUOUS QUERY 'cq_mean' ON 'NOAA_water_database'
```

6.5.3 修改连续查询

在 InfluxDB 中，连续查询自动地运行在数据库内部，无法动态对其进行修改，故连续查询一旦被创建就无法被修改，要进行修改，必须先删除要修改的连续查询，然后再重新创建。

6.6 连续查询案例分析

前面介绍了连续查询的基本用法以及高级用法，大家可能会问，连续查询一般应用于什么场景呢？下面讲解连续查询常用的几个应用场景，读者也可以根据以下应用场景拓展思维，将连续查询运用到新的领域。

6.6.1 数据预处理

在实际生产生活中，对某些时序数据的采集往往分得很细，数据量也很大。所以并不能直接用来反映需要监控的物体的整体状态，需要先对其分析处理并进行汇总，这个时候就需要用到较为复杂的查询，但这样一来会带来多种弊端。例如长时间运行复杂的查询无疑会给系统带来额外的负担，加大系统开销。

一个自然的解决办法就是预先使用连续查询在数据库内部对数据进行处理，将大量时序数据转换为需要的数据并存储到其他表中。这样就可以在其中实时进行需要的查询，这样一来，查询变得更高效，系统负担也大大减小了。

以样本数据中的数据为例，要求每隔 12 分钟计算一次 water_level 的平均值，于是创建如代码清单 6-20 所示的一条连续查询，对数据做预处理。

代码清单 6-20

```
CREATE CONTINUOUS QUERY 'cq_pretreatment' ON 'NOAA_water_database'
BEGIN
  SELECT mean("water_level") INTO "mean_pretreatment" FROM "h2o_feet"
  GROUP BY time(12m)
End
```

执行成功后，可以在新表 mean_pretreatment 中看到如代码清单 6-21 所示的数据。

代码清单 6-21

```
> SELECT * FROM "mean_pretreatment"
name: mean_pretreatment
-----------------------
time                    mean
2015-08-18T00:12:00Z    2.09
2015-08-18T00:24:00Z    2.077
2015-08-18T00:36:00Z    2.046
2015-08-18T00:48:00Z    2.062
2015-08-18T01:00:00Z    2.023
```

数据预处理之后存储在了新表中，用户就可以在该表中执行需要的操作，查询效率得到了很大提高。

6.6.2 降低数据采样率

时序数据采集上来的时候其规模是非常庞大的，并且随着时间的推移，数据大小也会变得十分惊人，长此以往，数据存储就会变成一个大问题。连续查询的作用这时候就能够体现出来了，它按照用户指定的规则自动地、周期性地在数据库中将高精度数据转换为低精度数据，并结合保留策略淘汰并不需要的高精度数据，高效地解决了数据存储的问题。关于保留策略的讲解，读者可移步到本书第 7 章。第 7 章中也列出了一个案例,将连续查询和保留策略结合,高效解决高精度数据的存储问题。

6.6.3 HAVING 功能

有时候需要对查询结果执行过滤操作,这个过程可能会用到聚合类函数,由于 WHERE 关键字无法与聚合类函数一起使用,这时就会用到 HAVING 子句,其作用是筛选分组后的各组数据。

继续以样本数据为例,InfluxDB 不接受使用 HAVING 子句的,如代码清单 6-22 所示的查询,这条查询的含义是每隔 30 分钟计算 water_level 平均值,并请求大于 2.050 的平均值。

代码清单 6-22

```
SELECT mean("water_level") FROM "h2o_feet" GROUP BY time(30m) HAVING mean("water_level") > 2.050
```

这种带有 HAVING 子句的语句并不被支持,要实现相同的功能,可以先创建一个连续查询,按照 30 分钟的间隔,执行计算 water_level 的平均数,并将返回的数据写入 aggregate_water 表中,如代码清单 6-23 所示。

代码清单 6-23

```
CREATE CONTINUOUS QUERY "water_cq" ON "NOAA_water_database"
BEGIN
SELECT mean("water_level") AS "mean_water"
INTO "aggregate_water" FROM "h2o_feet" GROUP BY time(30m)
END
```

数据写入 aggregate_water 表中的 mean_water 字段中以后,就可以在查询语句中的 WHERE 子句后面添加查询条件,实现返回大于 2.050 的平均值。语句如代码清单 6-24 所示。

代码清单 6-24

```
SELECT "mean_water" FROM "aggregate_water" WHERE "mean_water" > 2.050
```

6.6.4 替换嵌套函数

依旧以样本数据为例,InfluxDB 不支持如代码清单 6-25 所示的带嵌套函数的查询,该查询以 30 分钟的间隔计算 water_level 的非空值数量,并计算其平均值。

代码清单 6-25

```
SELECT mean(count("water_level")) FROM "h2o_feet" GROUP BY time(30m)
```

由于 InfluxQL 不支持嵌套查询,所以 InfluxDB 直接查询是行不通的,可以使用连续查询来执行最里面的函数,将结果写到另一张表,然后再对该表进行简单查询,就可以得到需要的结果。

首先创建一个连续查询，它以 30 分钟的时间间隔来计算非空值数，并将数据写入到 aggregate_water 中的 count_water 字段，如代码清单 6-26 所示。

代码清单 6-26

```
CREATE CONTINUOUS QUERY "water_cq" ON "NOAA_water_database"
BEGIN
SELECT count("water_level") AS "count_water"
INTO "aggregate_water" FROM "h2o_feet" GROUP BY time(30m)
END
```

数据写入新表后，对新表执行如代码清单 6-27 所示的查询，计算出 count_water 字段的平均值。

代码清单 6-27

```
SELECT mean("count_water") FROM "aggregate_water"
 WHERE time >= <start_time> AND time <= <end_time>0
```

6.7 小结

读到这里，想必大家已经知道，所谓连续查询就是一个在数据库内部定时运行着的一条查询语句，它按照用户指定的规则自动地将高精度数据转换为低精度数据，并写入新表中供用户分析使用。

连续查询通常和保留策略共同组合使用，用来长久保存数据并且降低存储的压力。通过本章的学习，大家应该已经掌握了 InfluxDB 的连续查询的基本概念，并对其基本语法有所掌握，能够创建自己的连续查询语句并运用到实际工作中去。在使用连续查询时，需要注意指定的时间间隔和执行的时间范围。

第 7 章
InfluxDB 数据保留策略

一台 InfluxDB 服务器可以做到每秒钟对数百万条数据进行处理，如果对所有的数据都进行存储，会面临很大的成本支出，目前硬盘成本并没有显著下降，那么 InfluxDB 是如何对海量的数据进行存储的呢？有什么控制存储量的办法呢？

InfluxDB 提出的一个解决方案是降低数据精度，就是对高精度的原始数据只做时间有限的保存。与此同时，对这些原始数据进行聚合运算得到时间精度较低的数据，然后对低精度数据进行长久保存，对高精度数据按照实际需求删除。这样的处理逻辑就是 InfluxDB 的保留策略。

本章就带领大家从保留策略的基本概念出发，介绍如何创建一条保留策略的基本语法，并通过一个例子实践。之后会介绍保留策略的一些基本操作，例如查询、修改、删除。最后通过一个综合案例，介绍保留策略与连续查询的组合使用。通过本章节的学习，将了解到：

- 保留策略的概念。
- 保留策略的基本使用和管理。
- 保留策略结合连续查询的使用。

7.1 保留策略

作为 InfluxDB 数据架构的一部分,保留策略(Retention Policy)描述的是 InfluxDB 保存数据的时间,InfluxDB 会比较服务器本地的时间戳和存储数据里的时间戳之间的差值,然后根据这个差值进行判断,如果时间差值大于保留策略里面设置的值,就会删除这些过期数据。

例如保留策略设定的保留时长为 1 小时,系统当前时间为 2022 年 2 月 14 日 12:00,某一条存储数据的时间戳为 2022-02-14T10:00:00Z,可以发现,系统当前时间减去存储数据的时间戳的差值为 2 小时,大于保留策略设定的时长,所以这条数据就会被当作过期数据进行删除。

7.2 创建保留策略

了解保留策略的基本原理之后,接下来介绍创建保留策略的基本语法。需要注意的是,在创建好一个数据库时,系统会自动在其内部创建一条名为 autogen 的保留策略,即对数据进行永久保存。

7.2.1 使用 CREATE RETENTION POLICY 创建保留策略

要创建一条保留策略,其基本语法如下:

```
CREATE RETENTION POLICY <retention_policy_name> ON <database_name>
DURATION <duration> REPLICATION <n> [SHARD DURATION <duration>]
[DEFAULT]
```

在上述语句中,<retention_policy_name> 为所创建的保留策略的名字,<database_name> 为要执行操作的数据库。DURATION、REPLICATION 为必选项,SHARD DURATION、[DEFAULT] 为可选项,具体含义如下。

(1) DURATION 表示持续时间,即数据要保留的时长,其最短保存时间是 1 小时,最长保存时间为 INF(无限)。<duration> 的保留时间的单位见表 7-1。保留时长只能是整数,不能是小数,例如 1.5 小时可以用 1h30m 或 90m 表示,而不能用 1.5h 表示。

表 7-1 时间单位

单位	含义
ns	纳秒
μs	微秒
ms	毫秒

续表

单位	含义
s	秒
m	分钟
h	小时
d	天
w	周

（2）REPLICATION 表示副本个数，用于确定每条数据有多少个独立的副本存在于集群中。<n> 就是副本个数，且最大值为 DATA 节点的节点个数。

需要注意的是，该子句是针对集群版的，由于开源版的节点数为1，所以该子句并不会生效。集群版集群由多少数据节点组成，值的最大值就可以取数据节点的个数。

（3）SHARD DURATION 是可选参数，用于确定分片组(SHARD GROUP) 保留策略的时间范围。首先要知道的是，每一个保留策略下会存在许多 SHARD，每一个 SHARD 存储一个指定时间段内的数据，并且不重复，例如 7~8 时的数据落入 SHARD0 中，8~9 时的数据则落入 SHARD1 中。这里可以看到，该参数也指定了一个时间 <duration>，其值也是一个时间长度，与上面 DURATION 不同的是，它并不支持无限时长。

默认情况下，省略 SHARD DURATION 的设置，此时分片组的保留时间会由保留策略的时间间隔来决定，其关系见表 7-2。

表 7-2 分片组保留时间与 SHARD DURATION 的关系

保留策略的 DURATION	分片组的持续时间
小于 2 天	1 小时
大于或等于 2 天且小于或等于 6 个月	1 天
大于 6 个月	7 天

从表 7-2 中可以看出，在没有设置 SHARD DURATION 的时候，当保留策略的持续时间小于 2 天的时候，分片的持续时间就为 1 小时，其最小值也就是 1 小时；当保留策略的持续时间大于或等于 2 天且小于或等于 6 个月的时候，分片的持续时间就为 1 天；当保留策略的持续时间大于 6 个月的时候，分片的持续时间就为 7 天。例如某条保留策略的保留时长为 1 天，则单个分片所存储的时间间隔就为 1 小时，超过 1 小时的数据就会被存储到下一个分片中去。

上面说到，分片组的持续时间最少为 1 小时，大家可能会问，如果在创建保留策略的时候把分片组的时间范围设定在 1 小时以内会出现什么情况？其实，如果把分片组的持续时间设定为大于 0 秒小于 1 小时，系统会自动将这个持续时间设为 1 小时，如果指定的时间为 0 秒，系统就会参考保留策略的 DURATION 的持续时间，按照表 7-2 的关系来设置分片组的持续时间。

（4）<DEFAULT> 表示将新的保留策略设置为数据库的默认保留策略。需要注意的是，在同一个数据库中，可以存在多个保留策略，但这些保留策略的名字必须唯一。但在创建好一条保留策略之后，又重复创建了一条同名的保留策略，这种情况下，如果重复创建的保留策略的规则与之前相同，InfluxDB 则不会报错；如果只是策略名称相同，策略规则不同的话，InfluxDB 就会报错。

7.2.2 创建保留策略举例

熟悉完保留策略的基本语法之后，可以通过一个简单的例子来实践一下，以第 4 章介绍的 NOAA 水样数据为例，在 NOAA_water_database 数据库上创建一条简单的基本保留策略，如代码清单 7-1 所示。

代码清单 7-1

```
CREATE RETENTION POLICY "rp_create" ON "NOAA_water_database"
DURATION 1h
REPLICATION 1
```

在上面的语句中，rp_create 代表创建的保留策略的名称；NOAA_water_database 则是起作用的数据库；DURATION 指定了数据的保留时长；REPLICATION 指定了数据的副本个数。

所以，上述语句的含义是在 NOAA_water_database 数据库中，创建一个名为 rp_create 的保留策略，该保留策略指定数据保留时长为 1 小时，数据副本数为 1。即数据只保留一个小时，若执行该保留策略时本地系统时间为 2015-01-18T00:00:00Z，那么在 2015-01-18T01:00:00Z 之后的数据就会因过期被清理掉。

7.3 查询保留策略

前面讲解了 InfluxDB 中创建保留策略的具体方法，那大家是否想过，该去哪里管理保留策略呢？InfluxDB 提供了保留策略的查询方法，通过执行下面的语句，就能返回指定数据库中所有的保留策略及它们的详细信息。

```
SHOW RETENTION POLICIES ON <database_name>
```

这条语句很通俗易懂，<databasename> 指的就是要执行操作的数据库的名字。

接下来查询 NOAA_water_database 中刚刚创建的保留策略，如代码清单 7-2 所示。

代码清单 7-2

```
> SHOW RETENTION POLICIES ON NOAA_water_database
name       duration    shardGroupDuration    replicaN    default
----       --------    ------------------    --------    -------
autogen    0s          168h0m0s              1           true
rp_create  1h0m0s      1h0m0s                1           false
```

在返回的表格中，各个字段的含义如下。

- duration：保留策略的数据保留时长。
- shardGroupDuration：分片组的持续时长。
- replicaN：即 replication，数据副本数。单节点默认为 1。
- default：是否为数据库的默认保留策略。true 为使用数据库的默认保留策略，false 为不使用数据库的默认保留策略。

该例子中，使用 SHOW RETENTION POLICIES 语句返回了 NOAA_water_database 数据库中的所有保留策略。autogen 是创建数据库时系统默认创建的保留策略。rp_create 就是刚刚创建的保留策略。

7.4 修改保留策略

创建好了保留策略，当需求改变的时候，就要对保留策略进行修改，InfluxDB 提供了对保留策略的修改方法。这点与连续查询不同，连续查询不支持修改，只能通过先删除再创建的方式，变相地修改连续查询，而保留策略是可以直接修改的。前文说过，创建保留策略的语法如下：

```
CREATE RETENTION POLICY <retention_policy_name> ON <database_name>
DURATION <duration> REPLICATION <n> [SHARD DURATION <duration>]
[DEFAULT]
```

修改保留策略的语法与其极为相似，只需要将 CREATE 关键字修改为 ALTER，其余的参数设置项与原来一样。需要注意的是，这些设置项至少要设置一个，InfluxDB 的修改操作才能正确执行。修改保留策略的语法如下：

```
ALTER RETENTION POLICY <retention_policy_name> ON <database_name>
DURATION <duration> REPLICATION <n> [SHARD DURATION <duration>]
[DEFAULT]
```

下面，通过对代码清单 7-1 的保留策略进行修改，进一步体会修改保留策略的作用。将保留策略的保存周期修改到 1 天，执行结果如代码清单 7-3 所示。

代码清单 7-3

```
> SHOW RETENTION POLICIES ON NOAA_water_database
name        duration    shardGroupDuration    replicaN    default
----        --------    ------------------    --------    -------
autogen     0s          168h0m0s              1           true
rp_create   1h0m0s      1h0m0s                1           false

> ALTER RETENTION POLICY rp_create ON NOAA_water_database duration 1d
replication 1
> SHOW RETENTION POLICIES ON NOAA_water_database
name        duration    shardGroupDuration    replicaN default
```

```
----            --------        ------------------      --------    -------
autogen         0s              168h0m0s                1           true
rp_create       24h0m0s         1h0m0s                  1           false
>
```

在上面的修改中,使用了 ALTER RETENTION POLICY 将数据的保留时长修改为 1 天,然后通过 SHOW RETENTION POLICIES 可以看到,保留时长已经由原来的 1h0m0s 修改为 24h0m0s。

7.5 删除保留策略

前面讲解了保留策略的创建、查询以及修改,接下来就是删除保留策略。

删除保留策略的语法如下所示,<retention policy name> 代表保留策略的名称,<databse name> 代表要执行操作的数据库的名称。

```
DROP RETENTION POLICY <retention_policy_name> ON <database_name>
```

例如,删除数据库 NOAA_water_database 中名为 rp_create 的保留策略,执行结果如代码清单 7-4 所示。

代码清单 7-4

```
> DROP RETENTION POLICY rp_create ON NOAA_water_database
> SHOW RETENTION POLICIES ON NOAA_water_database
name         duration        shardGroupDuration      replicaN    default
----         --------        ------------------      --------    -------
autogen      0s              168h0m0s                1           true
```

可以看到,名为 rp_create 的保留策略已经被删除了。需要注意的是,如果删除了一个并不存在的保留策略,InfluxDB 并不会报错。

7.6 综合实例

前文讲过,InfluxDB 长时间地存储大量数据会对存储造成很大压力,目前的解决方案是对数据进行采样处理,即对高精度的数据只存储较短时间,对于低精度数据进行长时间保存。本案例就将使用连续查询和保留策略两大功能来演示 InfluxDB 是如何对数据进行采样和存储的。

7.6.1 样本数据

本案例的样本数据来自美国国家海洋和大气管理局 (NOAA) 的公开水样数据。关于样本数据的导入，读者可参阅本书第 5 章。

数据导入后都被写入 NOAA_water_database 数据库中，本例所用数据只选用该库中 h2o_feet 表中字段 location 为 santa_monica 的数据，对 water_level 的值进行分析。部分样本数据如代码清单 7-5 所示。

代码清单 7-5

```
> SELECT * FROM h2o_feet WHERE location ='santa_monica' LIMIT 10
name: h2o_feet
time                    level           description     location        water_level
----                    --------        ---------       --------        -----------
2015-08-18T00:00:00Z    below 3         feet            santa_monica    2.064
2015-08-18T00:06:00Z    below 3         feet            santa_monica    2.116
2015-08-18T00:12:00Z    below 3         feet            santa_monica    2.028
2015-08-18T00:18:00Z    below 3         feet            santa_monica    2.126
2015-08-18T00:24:00Z    below 3         feet            santa_monica    2.041
2015-08-18T00:30:00Z    below 3         feet            santa_monica    2.051
2015-08-18T00:36:00Z    below 3         feet            santa_monica    2.067
2015-08-18T00:42:00Z    below 3         feet            santa_monica    2.057
2015-08-18T00:48:00Z    below 3         feet            santa_monica    1.991
2015-08-18T00:54:00Z    below 3         feet            santa_monica    2.054
```

7.6.2　实验目标

假如在数据库长时间的运行中，只关注 water_level 每隔 30 分钟的平均值，希望使用连续查询和保留策略实现如下需求：

- 自动将 6 分钟的数据聚合到 30 分钟。
- 自动删除 2 个小时以上的原始 6 分钟间隔的数据，即原始数据只需要保留 2 个小时。
- 自动删除超过 52 周的 30 分钟的间隔数据，即处理后的低精度的数据需要保留约一年的时间。

7.6.3　实验过程

1. 创建 2 小时的默认保存策略

在创建 2 小时默认策略的时候，需要将其手动指定为默认策略。这是因为导入数据时，创建的名为 NOAA_water_database 的数据库内部自动创建了一条名为 autogen 的默认保留策略，如果不指定的话，系统会使用默认的 autogen 保留策略。

创建保留时长为 2 小时的语句如代码清单 7-6 所示。

代码清单 7-6

```
CREATE RETENTION POLICY "rp_two_hours" ON "NOAA_water_database"
DURATION 2h REPLICATION 1 DEFAULT
```

以上代码大致含义是,在 NOAA_water_database 数据库中创建了一条名为 rp_two_hours 的保留策略,数据保留时长为 2 个小时。语句中指定了 DEFAULT,说明在执行时,该条保留策略会取代 autogen 作为数据库的默认保留策略。

2. 创建 52 周的保留策略

创建好一个保留时长为 2 个小时的保留策略后,接下来创建一个保留时长 52 周的保留策略,最终 30 分钟时间间隔的数据会保存在这个保留策略中,注意这并不是数据库的默认保留策略。

创建保留时长为 52 周的语句如代码清单 7-7 所示。

代码清单 7-7

```
CREATE RETENTION POLICY "rp_a_year" ON "NOAA_water_database"
DURATION 52w REPLICATION 1
```

以上代码大致含义是,在 NOAA_water_database 数据库中创建了一条名为 rp_a_year 的保留策略,数据保留时长为 52 周。语句中没有指定 DEFAULT,说明在执行时如果没有指定使用这条保留策略,系统仍将使用 rp_two_hours 默认保留策略。

3. 创建连续查询

两条保留策略创建好之后,接下来需要创建一条连续查询,作用是将 6 分钟间隔的数据采样到 30 分钟的间隔,并将它们设置为不同的存储策略,存储到不同的表中。

使用 CREATE CONTINOUS QUERY 创建一条连续查询,如代码清单 7-8 所示。

代码清单 7-8

```
CREATE CONTINUOUS QUERY "cq_sample" ON "NOAA_water_database"
BEGIN
  SELECT mean("water_level") AS "mean_water_level"
  INTO "rp_a_year"."downsampled_h2o"
  FROM "h2o_feet"
  GROUP BY time(30m)
END
```

以上代码大致含义是,在 NOAA_water_database 数据库中创建了一条名为 cq_sample 的连续查询,InfluxDB 每隔 30 分钟会计算一次前 30 分钟内 h2o_feet 表中 water_level 的平均值,并且把结果写到保留策略为 rp_a_year、字段为 mean_water_level、名为 downsampled_h2o 的表中。

需要注意的是,在 INTO 字句里面,运用了 "retention_policy"."measurement" 这样的格式,这是因为要写入非默认的保留策略时,必须要这样写。

7.6.4 结论

在创建好两个保留策略和一个连续查询之后,数据库运行一段时间后,通过命令查看两张表里面的数据,如代码清单 7-9 所示。

代码清单 7-9

```
> SELECT * FROM h2o_feet WHERE location='santa_monica' LIMIT 5
name: h2o_feet
time                    level       description   location       water_level
----                    ---------   -----------   --------       -----------
2015-08-18T00:00:00Z    below 3     feet          santa_monica   2.064
2015-08-18T00:06:00Z    below 3     feet          santa_monica   2.116
2015-08-18T00:12:00Z    below 3     feet          santa_monica   2.028
2015-08-18T00:18:00Z    below 3     feet          santa_monica   2.126
2015-08-18T00:24:00Z    below 3     feet          santa_monica   2.041

> SELECT * FROM "rq_a_year"."downsampled_water" LIMIT 5
name: downsampled_water
--------------------
time                         mean_water_level
2015-08-18T00:30:00Z         2.075
2015-08-18T01:00:00Z         2.044
2015-08-18T01:30:00Z         2.089
2015-08-18T02:00:00Z         2.234
2015-08-18T02:30:00Z         2.562
```

在上面展示的数据中,h2o_feet 表的数据是每间隔 6 分钟的原始数据,保存时间为 2 小时;downsampled_water 表的数据是 30 分钟间隔的聚合数据,保存时间为 52 周。

注意,在第二条语句中,又使用了 "retention_policy"."measurement" 的格式。这是因为在查询 measurements 时,只要不是使用默认的保留策略就需要手动指定目标保留策略。

通过连续查询和保留策略的实战演示,已经成功地对原始数据做了短时间保存,对处理后的低精度数据做了长时间保存。

7.7 小结

本章详细介绍了 InfluxDB 的基本使用方法,并结合第 6 章的连续查询在实际案例中做了演示,大家已经知道,连续查询可以定期进行数据处理,而保留策略可以清理淘汰的数据。在以后的开发工作中应该合理使用这两大功能,发挥 InfluxDB 的强大功能来提高开发效率。

第 8 章
InfluxDB 数据安全策略

InfluxDB 提供了用户管理、认证授权等功能来保证操作数据的安全。通过授予账户权限，可以实现不同的账户拥有不同的权限，从而确保数据的访问安全。本章主要介绍了 InfluxDB 的认证技术、权限管理、用户管理等功能的原理和用法，最后通过一个案例来演示用法。

8.1 认证技术

8.1.1 简介

InfluxDB 中提供了认证和授权来确保数据库中数据的访问安全。通过认证和授权，可以给不同的账户设置不同的权限，例如管理员账户拥有所有权限，而非管理员账户可能只有读和写的权限，这样就可以保证数据的访问安全性。如果没有认证和授权功能，那么每个账户都可以拥有所有权限，能对数据库进行任何操作，这是一件危及数据库安全的事情。

8.1.2 认证方式

InfluxDB 2.0 提供了两种认证方式：Token（令牌）认证和 1.x 版本兼容授权。Token 认证是 2.0 版本新出现的认证方式，可以在可视化页面或者客户端命令行中创建具有某个权限的 Token，然后通过在请求中加入 Token 来实现认证和权限操作。1.x 版本的认证方式使用的是账号密码。InfluxDB 2.0 不仅可以使用 Token 进行认证，也可以兼容使用 1.x 版本的账号密码方式进行认证。接下来具体介绍这两种认证方式。

8.1.3 Token 认证

在 InfluxDB 2.0 中，可以使用 influx author 命令管理 InfluxDB 中的令牌，令牌的类型分为 All-Access token 和 Read/Write token 权限。其中 All-Access token 表示授予对组织中所有资源的完全读写访问权限，Read/Write token 表示授予对组织中特定存储桶的读取权限、写入权限或读写权限。下面介绍如何创建、查看、使用、删除令牌。

1. 创建令牌

创建令牌可以使用 InfluxDB UI 界面、客户端命令行或 InfluxDB API 等方式，使用命令行方式创建的具体语法如代码清单 8-1 所示。

代码清单 8-1

```
influx auth create [permission-flags]
```

创建 All-Access 令牌，如代码清单 8-2 所示。

代码清单 8-2

```
influx auth create --all-access
```

创建指定具体读写权限的令牌，如代码清单 8-3 所示。

代码清单 8-3

```
influx auth create --read-bucket 97fefbba2f179cf7 --write-bucket 97fefbba2f179cf7
```

在上述命令中，--read-bucket 表示授予读权限，后面跟的是桶 ID，表示授予对某个具体桶的读权限，要查看桶有哪些桶及桶 ID 等信息可以使用 influx bucket list 命令。

--write-bucket 的解释同 --read-bucket 一样。在创建令牌时不只可以授予读写权限，还可以授予其他权限，例如创建和更新桶权限（--write-buckets）、授予创建和更新组织用户的权限（--write-user）等。可以通过 influx auth create --help 命令输出帮助文档查看具体有哪些操作。

令牌也能通过 InfluxDB UI 进行创建。具体步骤就是在左侧导航栏中单击 Data，接着单击 Tokens，进入 Tokens 页面后单击 Generate Token，选择 Read/Write Token 或 All Access Token，如图 8-1 所示。

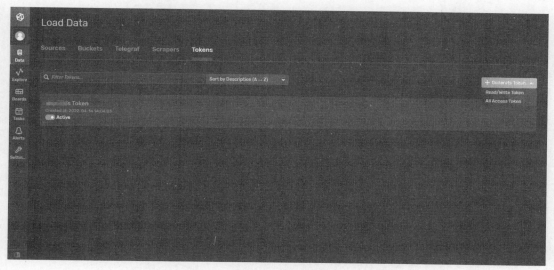

图 8-1　InfluxDB UI 管理 Token

2. 查看令牌

如图 8-1 所示，可以通过 InfluxDB UI 查看令牌，单击某一个令牌，可以看到该令牌的详情，如图 8-2 所示。

此外还可以使用 influx auth list 命令列出当前的令牌，如代码清单 8-4 所示。

其中 ID 表示令牌 ID；Description 表示令牌描述；Token 表示令牌；User Name 表示用户名；User ID 表示用户 ID；Permissions 表示令牌授予的权限。

图 8-2　InfluxDB UI 查看 Token 详情

代码清单 8-4

```
>influx auth list
ID                        Description          Token
                          User Name            User ID          Permissions
08d1a55c59e18000          xx's Token           1pfLfEDwbuyWvHBkG54niVNAFcDjDBN
AlL2I5yj8OR9ZACLwwpa5wHvnin_Jvyx-GjXArGno1SAL-yWWWz65sw==                xx
08d1a55c42618000                   [read:authorizations write:authorizations
read:buckets write:buckets read:dashboards write:dashboards read:orgs
write:orgs read:sources write:sources read:tasks write:tasks
read:telegrafs write:telegrafs read:users write:users read:variables
write:variables read:scrapers write:scrapers read:secrets write:secrets
read:labels write:labels read:views write:views read:documents
write:documents read:notificationRules write:notificationRules
read:notificationEndpoints write:notificationEndpoints read:checks
write:checks read:dbrp write:dbrp]
08e9b7ece3c35000          writeread            9NSuxzzP40qZ7D7nro9nqsg_
SG0J4aIKlWuyG1rlKh_LLhsNewDN_NCTXewRl3p3cuPFOeoCr27xzONp6ssmEg==
xx           08d1a55c42618000          [read:orgs\4842075a395dac3d\
buckets\97fefbba2f179cf7  write:orgs\4842075a395dac3d\
buckets\97fefbba2f179cf7]
```

3. 使用令牌

创建令牌后，可以通过 influx auth active 命令激活令牌，通过 influx auth inactive 命令停用令牌。激活令牌的例子如代码清单 8-5 所示。

代码清单 8-5

```
influx auth active --ID 08e97ae96f035000
```

在上述命令中，--ID 是令牌的 ID，需要激活某个令牌，可以使用 --ID+ 某个令牌的 ID。查看令牌 ID 可以使用 influx auth list。当然如果需要暂停该令牌对 InfluxDB 的访问，可以停用令牌，而不是删除，后续若要继续使用，再次激活即可。停用令牌如代码清单 8-6 所示。

代码清单 8-6

```
influx auth inactive --ID 08e97ae96f035000
```

此外也可以在 InfluxDB UI 中控制 Active 按钮来激活或停用令牌，如图 8-1 所示。

4. 删除令牌

要删除令牌，可以使用 influx auth delete 命令从 InfluxDB 删除令牌，具体命令如代码清单 8-7 所示。

代码清单 8-7

```
influx auth delete --ID 08e97ae96f035000
```

另外，也可以通过 InfluxDB UI 删除令牌，如图 8-3 所示，单击令牌右侧的删除按钮即可。

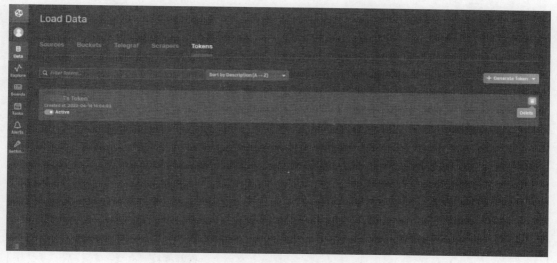

图 8-3　InfluxDB UI 删除令牌

8.1.4　1.x 版本兼容授权认证

对于兼容 1.x 版本的账号密码认证方式，可以使用 influx v1 auth 命令管理授权，包括创建、查看、删除、激活等操作。下面具体介绍如何使用命令行方式进行这些操作。具体使用方式，可以通过 influx v1 auth --help 输出帮助文档查看，具体如代码清单 8-8 所示。

代码清单 8-8

```
>influx v1 auth --help
Authorization management commands for v1 APIs

Usage:
  influx v1 auth [flags]
  influx v1 auth [command]

Aliases:
  auth, authorization

Available Commands:
  create        Create authorization
  delete        Delete authorization
  list          List authorizations
  set-active    Change the status of an authorization to active
  set-inactive  Change the status of an authorization to inactive
  set-password  Set a password for an existing authorization

Flags:
  -h, --help    Help for the auth command

Use "influx v1 auth [command] --help" for more information about a command.
```

在上述语法中 influx v1 auth 是创建授权认证的命令；command 是需要填入的操作命令，相关命令及含义见表 8-1。

表 8-1 授权命令

授权命令	描述
create	创建授权
delete	删除授权
list	查看授权
set-active	激活授权
set-inactive	停用授权
set-password	为授权设置密码

下面具体介绍这几个命令的使用。

1. 创建授权

创建授权可以使用 influx v1 auth create 命令，可以使用 influx v1 auth create --help 输出帮助文档查看使用方法。具体如代码清单 8-9 所示。

代码清单 8-9

```
>influx v1 auth create --help
Create authorization

Usage:
  influx v1 auth create [flags]

Flags:
  -c, --active-config string          Config name to use for command; Maps
to env var $INFLUX_ACTIVE_CONFIG
      --configs-path string           Path to the influx CLI configurations;
Maps to env var $INFLUX_CONFIGS_PATH (default "C:\\Users\\xx\\.
InfluxDBv2\\configs")
  -d, --description string            Token description
  -h, --help                          Help for the create command
      --hide-headers                  Hide the table headers; defaults
false; Maps to env var $INFLUX_HIDE_HEADERS
      --host string                   HTTP address of InfluxDB; Maps to env
var $INFLUX_HOST
      --json                          Output data as json; defaults false;
Maps to env var $INFLUX_OUTPUT_JSON
      --no-password                   Don't prompt for a password. You
must use v1 auth set-password command before using the token.
  -o, --org string                    The name of the organization; Maps
to env var $INFLUX_ORG
      --org-id string                 The ID of the organization; Maps to
env var $INFLUX_ORG_ID
      --password string               The password to set on this token
      --read-bucket stringArray       The bucket id
      --skip-verify                   Skip TLS certificate chain and host
name verification.
  -t, --token string                  Authentication token; Maps to env
var $INFLUX_TOKEN
      --username string               The username to identify this token
      --write-bucket stringArray      The bucket id
```

上述命令输出的帮助文档，和前面的 influx v1 auth --help 文档格式类似，先是显示了语法的格式，然后显示了可填的参数，并且每个参数还做了相应的介绍。例如 --active-config string 表示用于命令的配置名称，后面的 Maps to env var $INFLUX_ACTIVE_CONFIG 意思是对应到 $INFLUX_ACTIVE_CONFIG 这个环境变量；--configs-path string 表示配置文件的路径，后面的 Maps to env var $INFLUX_CONFIGS_PATH (default "C:\Users\xx\.InfluxDBv2\configs") 表示对应到 $INFLUX_CONFIGS_PATH 变量，配置文件的默认地址为 C:\Users\xx\.InfluxDBv2\configs。其他的命令可以对照后面提供的概述理解。后面的授权命令就不再查看帮助文档了，格式基本和这个一样,使用到时,自行输入 help 查看一下就能理解。

下面创建一个读写权限,具体命令如代码清单 8-10 所示。

代码清单 8-10

```
influx v1 auth create --read-bucket f8a88fd73be325e5 --write-bucket
f8a88fd73be325e5 --username example-user --password --12345678
```

上面命令中,influx v1 auth create 表示创建授权;--read-bucket 和 --write-bucket 表示授予读写权限,这里使用到了桶的 ID 信息,如果没有创建桶,请看 4.4 节桶操作内容,--username 和 --password 是账户和密码,创建授权并激活后,使用此账户和密码即可执行相关操作。

2. 查看授权

要查看授权,同样可以使用 influx v1 auth list --help 输出帮助文档,具体如代码清单 8-11 所示。

代码清单 8-11

```
>influx v1 auth list --help
List authorizations

Usage:
  influx v1 auth list [flags]

Aliases:
  list, find, ls

Flags:
  -c, --active-config string    Config name to use for command; Maps to
env var $INFLUX_ACTIVE_CONFIG
      --configs-path string     Path to the influx CLI configurations;
Maps to env var $INFLUX_CONFIGS_PATH (default "C:\\Users\\xx\\.
InfluxDBv2\\configs")
  -h, --help                    Help for the list command
      --hide-headers            Hide the table headers; defaults false;
Maps to env var $INFLUX_HIDE_HEADERS
      --host string             HTTP address of InfluxDB; Maps to env var
$INFLUX_HOST
      --id ID                   The ID of the authorization; Maps to env
var $INFLUX_ID
      --json                    Output data as json; defaults false;
Maps to env var $INFLUX_OUTPUT_JSON
  -o, --org string              The name of the organization; Maps to
env var $INFLUX_ORG
      --org-id string           The ID of the organization; Maps to env
var $INFLUX_ORG_ID
```

```
      --skip-verify            Skip TLS certificate chain and host name
verification.
  -t, --token string           Authentication token; Maps to env var
$INFLUX_TOKEN
  -u, --user string            The user
      --user-id string         The user ID
      --username string        The username of the authorization; Maps
to env var $INFLUX_USERNAME
```

从上面代码可以看出,要显示列表,可以使用 influx v1 auth [list/ls/find] 命令,list、ls、find 都是同一个意思,效果也相同。具体命令如代码清单 8-12 所示。

代码清单 8-12

```
>influx v1 auth list
ID                  Description      Name / Token      User Name      User ID
                    Permissions
08eb108b82504000                     example-user      xx             08d1a55c42618000
                    [read:orgs\4842075a395dac3d\buckets\f8a88fd73be325e5]
08eb1203d7d04000                     example-user1     xx             08d1a55c42618000
                    [write:orgs\4842075a395dac3d\buckets\f8a88fd73be325e5]
```

其中 ID 表示授权 ID;Description 表示授权描述;Name / Token 表示授权名;User Name 表示用户名;User ID 表示用户 ID;Permissions 表示授予的权限。

除此之外,还提供了一些命令,例如 --user string 可以指定用户名,查看与此用户名相关的权限列表;--user-ID string 可以通过指定用户 ID 来查看。具体如代码清单 8-13 所示。

代码清单 8-13

```
>influx v1 auth list --user xx
ID                  Description      Name / Token      User Name      User ID
                    Permissions
08eb108b82504000                     example-user      xx             08d1a55c42618000
                    [read:orgs\4842075a395dac3d\buckets\f8a88fd73be325e5]
08eb1203d7d04000                     example-user1     xx             08d1a55c42618000
                    [write:orgs\4842075a395dac3d\buckets\f8a88fd73be325e5]
```

3. 激活授权

创建授权后,如果要使用该授权,还需要激活授权,也就是把授权设置为活动状态,这样才能授予对 InfluxDB 的访问权限。具体语法如代码清单 8-14 所示。

代码清单 8-14

```
influx v1 auth set-active [flags]
```

激活授权比较简单,主要是通过 ID 来进行指定。举例:激活 ID 为 08eb1203d7d04000 的授权,具体如代码清单 8-15 所示。

代码清单 8-15

```
>influx v1 auth set-active --ID 08eb1203d7d04000
ID          Description         Name / Token        User Name       User ID
                    Permissions
08eb1203d7d04000                example-user1       xx              08d1a55c42618000
                    [write:orgs\4842075a395dac3d\buckets\f8a88fd73be325e5]
```

上述命令中，influx v1 auth set-active 表示激活授权；--ID 08eb1203d7d04000 表示所要激活授权的 ID。

4．停用授权

停用授权与激活授权命令语法很相似，换个单词即可，具体如代码清单 8-16 所示。

代码清单 8-16

```
influx v1 auth set-inactive [flags]
```

如果要停用该授权，可以使用此命令设置授权为非活动状态，如要需要再次使用该授权，再次设置为激活状态即可。举例：停用权限 ID 为 08eb1203d7d04000 的授权，如代码清单 8-17 所示。

代码清单 8-17

```
>influx v1 auth set-inactive --ID 08eb1203d7d04000
ID          Description         Name / Token        User Name       User ID
                    Permissions
08eb1203d7d04000                example-user1       xx              08d1a55c42618000
                    [write:orgs\4842075a395dac3d\buckets\f8a88fd73be325e5]
```

5．删除授权

要删除授权，可以使用 influx v1 auth delete 命令从 InfluxDB 中删除令牌。这里举个例子，先使用创建命令创建一个授权，然后根据它的 ID 删除它，具体命令如代码清单 8-18 所示。

代码清单 8-18

```
>influx v1 auth create --read-bucket f8a88fd73be325e5 --write-bucket
f8a88fd73be325e5 --username example-user3 --password --12345678
ID          Description         Name / Token        User Name       User ID
                    Permissions
08edb2395fc2a000                example-user3       xx              08d1a55c42618000
[read:orgs\4842075a395dac3d\buckets\f8a88fd73be325e5
write:orgs\4842075a395dac3d\buckets\f8a88fd73be325e5]

>influx v1 auth delete --id 08edb2395fc2a000
ID          Description         Name / Token        User Name       User ID
                    Permissions
```

```
Deleted
08edb2395fc2a000          example-user3    xx         08d1a55c42618000
[read:orgs\4842075a395dac3d\buckets\f8a88fd73be325e5
write:orgs\4842075a395dac3d\buckets\f8a88fd73be325e5]                true
```

6. 设置密码

创建好授权后，可以使用命令 influx v1 auth set-password 为现有授权设置密码，具体语法如代码清单 8-19 所示。

代码清单 8-19

```
influx v1 auth set-password [flags]
```

这里和删除授权是一样的，主要是通过 ID 来指定为哪个授权设置密码，这里举个例子，如代码清单 8-20 所示。

代码清单 8-20

```
> influx v1 auth set-password --ID 08eb1203d7d04000 --password xx123456
```

这里执行后是没有返回任何内容的，说明执行成功，即没报错就表示成功。

8.1.5 授权使用

了解完两种授权的创建、删除等管理命令，接下来讲解该如何使用这些授权。对于令牌认证，可以直接在命令行界面使用相关命令进行认证；而对于账号密码的认证方式，可以通过发送请求到 InfluxDB 的 API，对 InfluxDB 数据库进行操作。下面分别介绍这两种方式的使用过程。

1. 令牌的使用

为了避免每个命令如 influx write、influx query 中都要写上 InfluxDB host、API 令牌和组织，可以将它们先统一存储在 CLI 配置中。这样在 influx 需要这些凭据时，会自动从配置中检索这些凭据。influx config 语法如代码清单 8-21 所示。

代码清单 8-21

```
>influx config --help

Usage:
  influx config [config name] [flags]
  influx config [command]

Available Commands:
  create      Create config
  ls          List configs
  rm          Delete config
  set         Update config
```

```
Flags:
  -c, --active-config string   Config name to use for command; Maps to
env var $INFLUX_ACTIVE_CONFIG
      --configs-path string    Path to the influx CLI configurations; Maps
to env var $INFLUX_CONFIGS_PATH (default "C:\\Users\\xx\\.InfluxDBv2\\
configs")
  -h, --help                   Help for the config command

Use "influx config [command] --help" for more information about a command.
```

从上述语法中可以看出语法格式是 influx config [command]，对于配置的管理，也提供了几个参数，分别是 create（创建配置）、ls（查看配置）、rm（删除配置）、set（修改配置）。下面分别介绍这四个命令的使用。

（1）创建配置。

可以使用 influx config create --help 命令来查看 influx config create 的语法格式，具体如代码清单 8-22 所示。

代码清单 8-22

```
>influx config create --help

        The influx config create command creates a new InfluxDB connection
configuration
        and stores it in the configs file (by default, stored at
~/.InfluxDBv2/configs).

        Examples:
                # create a config and set it active
                influx config create -a -n $CFG_NAME -u $HOST_URL -t $TOKEN
-o $ORG_NAME

                # create a config and without setting it active
                influx config create -n $CFG_NAME -u $HOST_URL -t $TOKEN
-o $ORG_NAME

        For information about the config command, see
        https://docs.influxdata.com/InfluxDB/latest/reference/cli/influx/
config/
        and
        https://docs.influxdata.com/InfluxDB/latest/reference/cli/influx/
config/create/

Usage:
  influx config create [flags]
```

```
Flags:
  -a, --active                  Set as active config
  -c, --active-config string    Config name to use for command; Maps to
env var $INFLUX_ACTIVE_CONFIG
  -n, --config-name string      The config name (required)
      --configs-path string     Path to the influx CLI configurations;
Maps to env var $INFLUX_CONFIGS_PATH (default "C:\\Users\\xx\\.
InfluxDBv2\\configs")
  -h, --help                    Help for the create command
      --hide-headers            Hide the table headers; defaults false;
Maps to env var $INFLUX_HIDE_HEADERS
  -u, --host-url string         The host url (required)
      --json                    Output data as json; defaults false;
Maps to env var $INFLUX_OUTPUT_JSON
  -o, --org string              The optional organization name
  -t, --token string            The token for host (required)
```

在上述命令中，可以看到语法格式是 influx config create [flags]，下面有些参数，例如 --config-name string 表示配置的名称；--host-url string 表示 InfluxDB 服务地址默认是 http://localhost:8086；--token string 表示令牌，这里使用 influx config create 命令创建配置并将其设置为活动状态，具体命令如代码清单 8-23 所示。

代码清单 8-23

```
> influx config create --config-name writeread --host-url http://
localhost:8086 --org myGroup --token 9NSuxzzP40qZ7D7nro9nqsg_
SG0J4aIKlWuyG1rlKh_LLhsNewDN_NCTXewRl3p3cuPFOeoCr27xzONp6ssmEg==
--active

Active    Name            URL                         Org
*         writeread       http://localhost:8086       myGroup
```

上述命令中，writeread 表示配置名称；http://localhost:8086 表示 InfluxDB 服务地址；myGroup 表示组织名；token 后面一长串字母表示令牌。以上这几个参数都是必需的，但是名字、组织、token 等可以根据自己的情况填写，特别是 Token，每个 Token 创建后都是不一样的。Token 一般由三部分组成，分别是 header（头部，头部信息主要包括参数的类型 --JWT、签名的算法 --HS256）、poyload（负荷，负荷基本就是自己想要存放的信息，因为信息会暴露，所以不能在负载里面加入任何敏感的数据）、sign（签名，签名的作用就是为了防止恶意篡改数据）。这三部分组合起来，最后构成了上面代码中那一长串字母数字。可以使用 influx auth list 命令或者在 UI 页面中进行查看自己创建的令牌。

（2）查看配置。

创建配置后，可以通过 influx config ls 查看当前创建过的所有配置。具体如代码清单 8-24 所示。

代码清单 8-24

```
>influx config ls
Active   Name          URL                       Org
*        writeread     http://localhost:8086     myGroup
         xx            http://localhost:8086     myGroup
```

如果要切换配置，可以使用命令 influx config config-name，其中 config-name 表示配置的名字，在上面的创建配置的命令中给配置命名，这里切换使用时，可以通过配置名称来切换。

（3）删除配置。

需要删除某个配置，可以使用 influx config rm 命令，具体如代码清单 8-25 所示。

代码清单 8-25

```
>influx config rm writeread
Active   Name          URL                       Org       Deleted
         writeread     http://localhost:8086     myGroup   true
```

从以上代码可以看出提示删除成功，现在试一下能否正常使用 influx write 命令，如果能正常使用，则表示认证成功。因为创建的令牌授予的权限就是对 mydb 的读写权限，所以这里输入代码清单 8-26 所示命令来向 mydb 插入一条数据。这里的 mydb 是在第 4 章介绍桶操作时创建的，如果没有创建，那么需要先创建一个桶，名字不一定是 mydb，可以自取。

代码清单 8-26

```
influx write --bucket mydb "m,host=host1 field1=1.0"
```

如果没有出现任何提示，说明执行成功。由于创建了配置，在其中配置了 URL、Org、Token 等，所以在上述命令中不需要写上 --org、--token 等。如果是对其他没有权限的桶进行写入操作，结果如代码清单 8-27 所示。

代码清单 8-27

```
influx write --bucket example-bucket "m,host=host1 field1=1.0"
Error: Failed to write data: insufficient permissions for write.
See 'influx write -h' for help
```

（4）修改配置。

需要修改某个配置，可以使用 influx config set 命令，具体如代码清单 8-28 所示。

代码清单 8-28

```
>influx config set --help

        The influx config set command updates information in an InfluxDB
connection
        configuration in the configs file (by default, stored at
~/.InfluxDBv2/configs).
```

```
        Examples:
            # update a config and set active
            influx config set -a -n $CFG_NAME -u $HOST_URL -t $TOKEN
-o $ORG_NAME

            # update a config and do not set to active
            influx config set -n $CFG_NAME -u $HOST_URL -t $TOKEN -o
$ORG_NAME

        For information about the config command, see
        https://docs.influxdata.com/InfluxDB/latest/reference/cli/influx/
config/
        and
        https://docs.influxdata.com/InfluxDB/latest/reference/cli/influx/
config/set/

Usage:
  influx config set [flags]

Aliases:
  set, update

Flags:
  -a, --active                  Set as active config
  -n, --config-name string      The config name (required)
  -h, --help                    Help for the set command
      --hide-headers            Hide the table headers; defaults false;
Maps to env var $INFLUX_HIDE_HEADERS
  -u, --host-url string         The host url (required)
      --json                    Output data as json; defaults false; Maps
to env var $INFLUX_OUTPUT_JSON
  -o, --org string              The optional organization name
  -t, --token string            The token for host (required)
```

通过上面代码中的一些参数可以看出，可以修改配置的状态、URL、组织、Token 等信息。这跟创建配置时写入的信息一样。具体如代码清单 8-29 所示。

代码清单 8-29

```
>influx config set --active -n writeread -t 9NSuxzzP40qZ7D7nro9nqsg_
SG0J4aIKlWuyG1rlKh_LLhsNewDN_NCTXewRl3p3cuPFOeoCr27xzONp6ssmEg==  -o
myGroup

Active   Name              URL                          Org
*        writeread         http://localhost:8086        myGroup
```

注意，这里的名字是需要修改的配置的名称，通过配置名称来指定修改哪个配置，上述命令修改了 writeread 配置的状态、令牌和组织。

2. 1.x 授权认证的使用

前面介绍了令牌认证方式，接下来介绍通过 1.x 授权认证对 InfluxDB 写入。由于 1.x 版本使用的是 InfluxQL 进行查询而不是 flux，所有这里不能用命令行方式，而是直接通过 API 接口，命令行支持的是 flux 语言，不支持 InfluxQL。

在创建了 1.x 兼容授权认证后，打开 CMD，输入插入命令，具体如代码清单 8-30 所示。

代码清单 8-30

```
curl --request POST http://localhost:8086/write?db=mydb --user "example-user:12345678" --data-binary "m,host=host1 field1=7.0"
```

curl --request POST 表示发送一个 post 请求 http ://localhost:8086/write 到 InfluxDB 的 write 接口；db=mydb 表示数据库；--user 后面写的是创建授权认证时填的账号密码；--data-binary 表示插入语句，可以看出后面跟着的数据遵守了行协议。如果没有任何报错，说明插入成功。通过 UI 界面可以查看刚刚插入的数据是否存在，也可以使用查询语句查询，如代码清单 8-31 所示。

代码清单 8-31

```
curl --get "http://localhost:8086/query" --user "example-user:12345678" --data-urlencode "db=mydb" --data-urlencode "q=select * from m"
```

8.2 权限类型

前面介绍过 InfluxDB2.0 提供了两种权限认证方式，在创建令牌和创建 1.x 版本的兼容授权时，授予过读写权限。下面具体介绍一下可以授予哪些权限。在前面介绍令牌时说到令牌的类型分为 All-Access token 和 Read/Write token 权限，这里的读写权限其实还可以细分，可以是读写桶权限，可以是读写用户权限，等等。可以通过命令行输入 influx auth create --help 查看常见权限，具体见表 8-2。

表 8-2

flags	描述
--all-access	所有权限
--read-bucket	查询指定存储桶
--read-buckets	查询所有存储桶
--read-dashboards	查询仪表板
--read-telegrafs	查询 telegrafs
--read-user	查询用户
--write-bucket	创建或更新指定存储桶

续表

flags	描述
--write-buckets	创建或更新所有存储桶
--write-dashboards	创建或更新仪表板
--write-telegrafs	创建或更新指定存储桶
--write-user	创建或更新用户

8.3 用户管理

介绍完认证技术和权限管理，接下来介绍 InfluxDB2.0 的用户管理。在使用 InfluxDB UI 时会要求输入用户名和密码进行登录，在初次使用时，进行了初始设置，并创建了一个组织名为 myGroup 的组织，在这个组织中，除了自己以外，没有其他成员，下面讲解怎样创建管理用户，并把他加入组织中，然后通过 Token 权限限制他在组织中拥有的权限。所以，在 InfluxDB2.0 中，如果要授予用户访问数据的权限，则要将他们添加为组织的成员并提供令牌。

用户管理主要就是对用户进行创建、查看、删除、更新等操作，可以使用 influx user --help 输出帮助文档查看，具体如代码清单 8-32 所示。

代码清单 8-32

```
>influx user --help
User management commands

Usage:
  influx user [flags]
  influx user [command]

Available Commands:
  create      Create user
  delete      Delete user
  list        List users
  password    Update user password
  update      Update user

Flags:
  -h, --help   Help for the user command

Use "influx user [command] --help" for more information about a command.
```

从上面输出结果可以看出，用户管理的语法是 influx user [command]，可以提供的参数有 create、delete、list、password、update。下面具体介绍每个命令。

1. 创建用户

如果需要在 influx 命令行界面创建用户，可以使用 influx user create 命令，其中包含用户名、密码和要将用户添加到的组织名称或组织 ID，这里可以使用 influx user create --help 查看帮助文档，具体如代码清单 8-33 所示。

代码清单 8-33

```
>influx user create --help
Create user

Usage:
  influx user create [flags]

Flags:
  -c, --active-config string   Config name to use for command; Maps to env var $INFLUX_ACTIVE_CONFIG
      --configs-path string    Path to the influx CLI configurations; Maps to env var $INFLUX_CONFIGS_PATH (default "C:\\Users\\xx\\.InfluxDBv2\\configs")
  -h, --help                   Help for the create command
      --hide-headers           Hide the table headers; defaults false; Maps to env var $INFLUX_HIDE_HEADERS
      --host string            HTTP address of InfluxDB; Maps to env var $INFLUX_HOST
      --json                   Output data as json; defaults false; Maps to env var $INFLUX_OUTPUT_JSON
  -n, --name string            The user name (required); Maps to env var $INFLUX_NAME
  -o, --org string             The name of the organization; Maps to env var $INFLUX_ORG
      --org-id string          The ID of the organization; Maps to env var $INFLUX_ORG_ID
  -p, --password string        The user password
      --skip-verify            Skip TLS certificate chain and host name verification.
  -t, --token string           Authentication token; Maps to env var $INFLUX_TOKEN
```

从上面输出结果可以看出，要提供的参数就是用户名、密码、所在组织等。这里通过 influx user create 创建一个用户，具体如代码清单 8-34 所示。

代码清单 8-34

```
>influx user create -n example-user -p 12345678 -o myGroup
ID                      Name
08eedda7a0879000        example-user
```

上述命令中，用户名、密码、组织名字或组织 ID 要根据自己情况填写，用户名和密码可以自己设置，组织 ID 可以通过 influx org list 命令查看。

2. 查看用户

要在 influx 命令行界面查看用户，可以使用 influx user list/find/ls 命令，这三个关键字结果是一样的，也可以使用 influx user list --help 查看帮助文档，这里不再查看。查看用户具体命令和结果如代码清单 8-35 所示。

代码清单 8-35

```
>influx user list
ID                      Name
08d1a55c42618000        xx
08e9c6e2d2835000        example-user
```

可以看出，输出结果就是 ID 和用户名。

3. 删除用户

要在 influx 命令行界面删除用户，可以使用 influx user delete 命令，也可以使用 influx user delete --help 查看帮助文档，由于删除语法较简单，这里不再查看。每个用户都有一个唯一的 ID，通过 ID 来删除对应用户。查看 ID 可以使用 influx user list 命令。删除一个用户的命令和结果如代码清单 8-36 所示。

代码清单 8-36

```
>influx user delete --id 08eee4273b479000
ID                      Name    Deleted
08eee4273b479000        user1   true
```

从显示结果可以看出，这里已经删除成功。

4. 更新用户

要在 influx 命令行界面更新用户名，可以使用 influx user update 命令，具体命令如代码清单 8-37 所示。

代码清单 8-37

```
influx user update -i 08e9c6e2d2835000 -n example-newuser
```

其中，-i 后面为要更新的用户 ID；-n 后面为更新后的用户名。

5. 修改密码

想要在 influx 命令行界面修改密码，可以使用 influx user password 命令更改用户密码，也可以使用 influx user password --help 查看帮助文档，由于修改密码语法较简单，这里不再查看。每个用户都有一个用户名和 ID，通过用户名或 ID 来修改对应用户的密码，这里推荐使用 ID 的方式，因为 ID 是唯一的，ID 和用户名可以通过 influx user list 查看。通过 ID 修改用户密码的语法如代码清单 8-38 所示。

代码清单 8-38

```
influx user password --id 08eeffd5c4079000
```

出现提示时，输入并确认新密码。

8.4 权限控制实战

介绍完认证管理、权限管理和用户管理，下面综合起来进行一下实战，验证创建了授权认证后，能不能实现相应的权限控制，例如只有读权限时执行写操作，会不会提示权限报错，或者只有读写权限能不能进行创建用户等操作。

8.4.1 创建与授权

在进行测试之前，需要创建一个桶和两个令牌。步骤如下：

（1）在 influx 命令行界面创建存储桶，取名为 example-bucket，如代码清单 8-39 所示。桶操作在第 4 章已详细介绍，这里不再具体讲解。

代码清单 8-39

```
>influx bucket create --name example-bucket
ID                  Name              Retention      Shard group duration
         Organization ID
1210fbbac0ebfe36    example-bucket    infinite       168h0m0s
         4842075a395dac3d
```

（2）创建一个读写权限的令牌，如代码清单 8-40 所示。

代码清单 8-40

```
>influx auth create --read-bucket 1210fbbac0ebfe36 --write-bucket
1210fbbac0ebfe36
ID                  Description       Token
         User Name         User ID                        Permissions
08f1b55e770ae000                      bF6jiXKLjI3U9INleGfOmDI-
XFJu4W0JbWcbvB0e44S0V_CHa0ROrcW7zr3SakLbkhkD7Z8o6paW8CaZF7TFRA==
xx                  08d1a55c42618000               [read:orgs\4842075a395dac3d\
buckets\1210fbbac0ebfe36 write:orgs\4842075a395dac3d\
buckets\1210fbbac0ebfe36]
```

（3）创建配置。

为了避免每个命令中都要写上 InfluxDB host、API 令牌和组织，可以将它们统一先存储在 CLI 配置中。创建配置在前面介绍过，这里创建一个配置，取名为 readwrite，令牌用刚刚创建的读写权限的令牌，具体如代码清单 8-41 所示。

代码清单 8-41

```
>influx config create --config-name writeread --host-url http://
localhost:8086 --org myGroup --token bF6jiXKLjI3U9INleGfOmDI-
XFJu4W0JbWcbvB0e44S0V_CHa0ROrcW7zr3SakLbkhkD7Z8o6paW8CaZF7TFRA==
--active
Active    Name           URL                     Org
*         writeread      http://localhost:8086   myGroup
```

到这里创建工作就完成了，接下来做一些测试查看令牌认证效果。

8.4.2 测试效果

1. 切换配置

在前面创建配置时，添加了一个 --active，表示把配置设置为活动状态，也就是在使用 influx 命令时，用到的一些组织、令牌、URL 都从这个配置里面找，而不是从其他配置中找。可以通过 influx config list 查看当前使用的配置，具体如代码清单 8-42 所示。

代码清单 8-42

```
>influx config list
Active    Name           URL                     Org
          writeread      http://localhost:8086   myGroup
*         xx             http://localhost:8086   myGroup
```

从以上代码可以看到，这里使用的是第一次使用 InfluxDB 进行初始设置时创建的 xx 用户的配置（Active 列前的 * 表示激活），这里可以使用 influx config writeread 切换为 writeread 配置，具体如代码清单 8-43 所示。

代码清单 8-43

```
>influx config writeread
Active    Name           URL                     Org
*         writeread      http://localhost:8086   myGroup
```

2. 测试写入权限

这里向 example-bucket 桶中写入一条数据，具体如代码清单 8-44 所示。

代码清单 8-44

```
influx write --bucket example-bucket "m,host=host1 field1=1.0"
```

这里没有任何报错，说明执行成功。接着试一下写入数据到其他桶看看能不能成功。

切换配置为 xx，输入命令 influx bucket list 查看还有其他哪些数据桶。具体如代码清单 8-45 所示。

代码清单 8-45

```
>influx config list
Active    Name           URL                        Org
*         writeread      http://localhost:8086      myGroup
          xx             http://localhost:8086      myGroup

>influx config xx
Active    Name    URL                        Org
*         xx      http://localhost:8086      myGroup


D:\Program Files\InfluxDB2-2.0.6-windows-amd64>influx bucket list
ID                    Name              Retention    Shard group duration
Organization ID
bd105380ca5dc573      _monitoring       168h0m0s     24h0m0s
4842075a395dac3d
4842075a395dac3d      _tasks            72h0m0s      24h0m0s
4842075a395dac3d
1210fbbac0ebfe36      example-bucket    infinite     168h0m0s
4842075a395dac3d
97fefbba2f179cf7      mydb              infinite     168h0m0s
4842075a395dac3d
5ef8a08e782e8c30      noaa              infinite     168h0m0s
4842075a395dac3d
```

这里注意需要切换配置文件，如果不切换，执行 influx bucket list 是看不到的。因为之前创建桶等操作时，用的就是 xx 用户和配置文件，所有要切换到这个用户下才能看到。从上面代码可以看出，有之前创建过的桶。这里切换配置为 writeread，试着向 mydb 桶中插入一条数据，具体如代码清单 8-46 所示。

代码清单 8-46

```
>influx write --bucket mydb "m,host=host1 field1=1.0"
Error: Failed to write data: insufficient permissions for write.
See 'influx write -h' for help
```

从以上代码可以看出，提示没有对该桶的写权限，说明没有成功。

3. 测试创建存储桶权限

除了测试写入权限，接下来试一下能不能执行其他命令。例如创建一个存储桶，具体如代码清单 8-47 所示。

代码清单 8-47

```
>influx bucket create --name example2-bucket
Error: Failed to get ID for org 'myGroup' (do you have org-level read
permission?): organization not found.
See 'influx bucket create -h' for help
```

从以上代码可以看出，同样没有创建存储桶的权限。

8.5 小结

本章介绍了 InfluxDB 的认证技术、权限管理和用户管理，其中包括 InfluxDB2.0 的两种认证方式介绍及基本操作，并且通过一个小实战来加深对权限管理的理解。

第 9 章
InfluxDB 性能评估

在实际开发过程中,如果某个模块中用到了对时间比较敏感的数据,例如性能监控、趋势走向等,InfluxDB 拥有强大的性能参数,是一个不错的选择。本章针对 InfluxDB 的工作性能进行评估测试,从安装测试工具开始,到进行基准性能测试,再到性能优化方案,最后介绍 InfluxDB 的监控和报警设置。通过本章的学习,将了解到:

- InfluxDB 测试工具的安装和测试过程。
- InfluxDB 性能优化方案。
- InfluxDB 监控报警方案。

9.1 性能测试工具

本章使用的性能测试工具来自 InfluxDB 提供的 Influx-stress 和 InfluxDB-comparisons，前者主要用于 InfluxDB 的写入测试，后者主要用于 InfluxDB 的查询测试。

Influx-stress 的原理是：首先在服务器上创建一个 stress 数据库，然后在该数据库中创建一个名为 ctr 的 Measurement，其中有 3 个字段，分别是 time、n、some。在 influx-stress 执行过程中，会不断地向 ctr 的表中插入包含 3 个字段的数据。插入数据通过 InfluxDB 的 HTTP API 发送请求（POST/write?db=stress）。

了解工具原理之后，下面介绍安装过程。

9.1.1 安装 Go 语言运行环境

工具依赖于 Go 语言，Go(又称为 Golang) 语言是由谷歌公司开发的一种静态强类型、编译型、并发型的编程语言，语法接近于 C 语言，但是对变量的声明有所不同，也支持垃圾回收功能。开发团队在 2009 年 11 月正式将其推出，并贡献为开源代码项目，到目前，Go 语言已经可以在 Linux、macOS 以及 Windows 上运行。

构建 influx-stress、influxDB-conparisons 需要 Golang 工具链，这里以 Windows 系统为例，介绍如何安装 Go 环境。可以打开 Golang 的官方网页，根据本机操作系统选择对应版本安装，如图 9-1 所示。

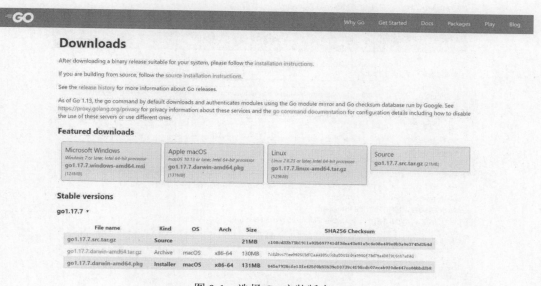

图 9-1 选择 Go 安装版本

下载好安装程序后，一直单击 "Next"，直至安装完成，如图 9-2 所示。

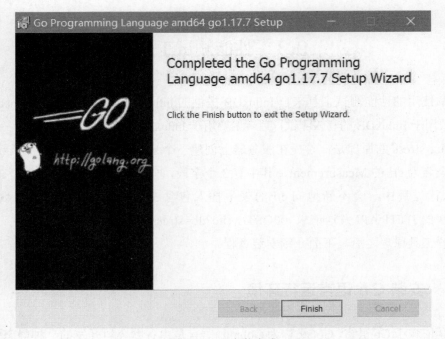

图 9-2　Go 安装完成

下面配置 Go 环境变量。其实在安装的时候，会自动在系统环境变量里配置 path 变量；如果自动创建失败，可以手动添加，如图 9-3 所示。

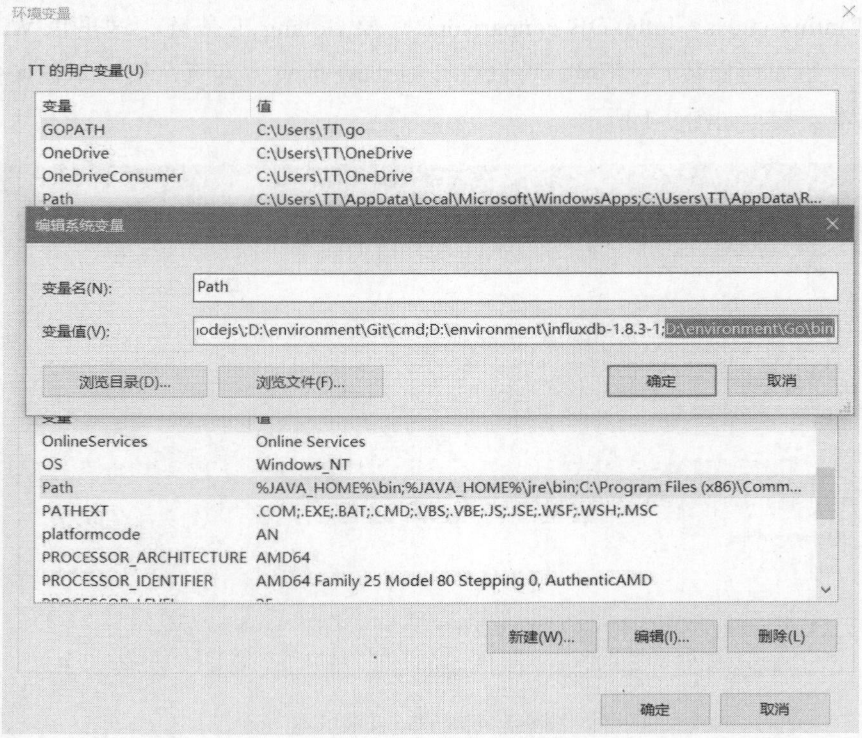

图 9-3　配置 Go 环境变量

通过 go version 命令查看 Go 版本，如代码清单 9-1 所示。

代码清单 9-1

```
C:\Users\TT>go version
go version go1.17.7 windows/amd64

C:\Users\TT>
```

接下来创建一个 text.go 文件，编辑一段经典的 Go 语言代码，测试是否能正常运行，如代码清单 9-2 所示。

代码清单 9-2

```
package main

import "fmt"

func main(){
    fmt.Printf("Hello Word!\n");
}
```

执行结果如代码清单 9-3 所示。

代码清单 9-3

```
C:\Users\TT>go run test.go
hello world!
```

至此，Go 环境安装完毕。接下来进行测试工具的安装。

9.1.2　测试工具安装

安装 influx-stress 的命令如代码清单 9-4 所示。

代码清单 9-4

```
go get -v github.com/influxdata/influx-stress/cmd/...
```

执行完成后，influx-stres 就被安装在 /root/go/bin/influx-stress 中。

influx-stress 命令的基本用法如代码清单 9-5 所示。

代码清单 9-5

```
influx-stress insert SERIES FIELDS [flags]
```

其中，[flags] 是可选参数，代表 influx-stress 的一些选项，不同的选项代表不同的含义，具体见表 9-1。

表 9-1　flag 参数含义列表

命令	缩写	含义
--batch-size uint	-b	每次提交到 InfluxDB 的点数（默认 10000）

续表

命令	缩写	含义
--create string		使用一个自定义创建数据库的命令
--db string		需要测试的数据库
--dump string		使用文件导入数据
--fast	-f	最快速度运行
--gzip int		传到 InfluxDB 的数据是否需要压缩,以什么样的格式压缩。1= 最快, 2= 最大压缩, -1=gzip 压缩
--host string		InfluxDB 的地址(默认 "http://localhost:8086")
--pass string		密码
--points uint	-n	最大被写的点的数目,最大 18446744073709551615
--pps uint		每秒默认写多少点,默认 20000
--precision string	-p	数据的精度
--quiet	-q	结果只打印吞吐量,建议不打开
--rp string		将写的保留策略
--runtime duration	-r	性能测试的持续时间,默认为 2562047h47m16.854775807s,不建议使用默认
--series int	-s	将写的序列的数量
--strict		错误或异常发生时退出
--user string		用户自定义要写的数据

9.2 基准性能测试

安装好运行环境和测试工具后,可以开始测试 InfluxDB 写入和查询的极限。

9.2.1 测试环境

本次测试计算机的配置见表 9-2。

表 9-2 测试环境配置

CPU	内存	带宽
4 核	16G	1Gbit/s

9.2.2 写入性能测试

在局域网中,一个机器运行 influxDB,另一台机器运行 influx-stress,如果只有一台计算机，也可以在一台计算机上做实验。先执行插入点数为 200000 的操作，如代码清单 9-6 所示。其中，-pps 表示插入数据的总数；--host 表示链接地址。

代码清单 9-6

```
influx-stress insert -r 60s --strict --pps 200000 --host http://192.168.1.39:8086
```

测试结果如代码清单 9-7 所示。

代码清单 9-7

```
[root@esc-3f37-0001 ~] # /root/go/bin/influx-stress insert -r 60s --strict --pps 200000 --host http://192.168.1.39:8086
Using point template : ctr,some=tag n=0i <timestamp>
Using batch size of 10000 line(s)
Spreading  writes across 100000 series
Throttling output to ~200000 points/sec
Using 20 concurrent writer(s)
Running until ~18446744073709551615 points send or until ~1m0s has elspsed
Write Throughput: 199890
Points Wirtten: 12000000
```

在返回的结果中可以看出，当插入 200000 条时，数据库实际处理结果为 199890 条。此时，将插入值增加至 800000 条，如代码清单 9-8 所示。

代码清单 9-8

```
influx-stress insert -r 60s --strict --pps 800000 --host http://192.168.1.39:8086
```

测试结果如代码清单 9-9 所示。

代码清单 9-9

```
[root@esc-3f37-0001 ~] # /root/go/bin/influx-stress insert -r 60s --strict --pps 800000 --host http://192.168.1.39:8086
Using point template : ctr,some=tag n=0i <timestamp>
Using batch size of 10000 line(s)
Spreading  writes across 100000 series
Throttling output to ~800000 points/sec
Using 80 concurrent writer(s)
Running until ~18446744073709551615 points send or until ~1m0s has elspsed
Write Throughput: 793297
Points Wirtten: 48070000
```

可以发现，InfluxDB 实际处理条数为 793297，此时已经很接近设置的值了，但也还没达到极限。此时，将设置值增加至 1400000 条，如代码清单 9-10 所示。

代码清单 9-10

```
influx-stress insert -r 60s --strict --pps 1400000 --host
http://192.168.1.39:8086
```

测试结果如代码清单 9-11 所示。

代码清单 9-11

```
[root@esc-3f37-0001 ~] # /root/go/bin/influx-stress insert -r 60s
--strict --pps 1400000 --host http://192.168.1.39:8086
Using point template : ctr,some=tag n=0i <timestamp>
Using batch size of 10000 line(s)
Spreading  writes across 100000 series
Throttling output to ~1400000 points/sec
Using 140 concurrent writer(s)
Running until ~18446744073709551615 points send or until ~1m0s has
elspsed
Write Throughput: 1023100
Points Wirtten: 63430000
```

当设置为 1400000 条每秒时，数据库实际只处理了 1023100 条，为验证是否达到了极限，将设置值增加到 2000000 条，如代码清单 9-12 所示。

代码清单 9-12

```
influx-stress insert -r 60s --strict --pps 2000000 --host
http://192.168.1.39:8086
```

测试结果如代码清单 9-13 所示。

代码清单 9-13

```
[root@esc-3f37-0001 ~] # /root/go/bin/influx-stress insert -r 60s
--strict --pps 2000000 --host http://192.168.1.39:8086
Using point template : ctr,some=tag n=0i <timestamp>
Using batch size of 10000 line(s)
Spreading  writes across 100000 series
Throttling output to ~2000000 points/sec
Using 200 concurrent writer(s)
Running until ~18446744073709551615 points send or until ~1m0s has
elspsed
Write Throughput: 1092320
Points Wirtten: 6840000
```

此时可以看到，当插入条数增加到 2000000 条时，InfluxDB 实际处理的只有 1092320 条，由此可以得出，此台机器上 InfluxDB 的最大吞吐量为每秒写入 1000000 条数据，之后，无论写入再多的 points，吞吐量也不会增加。

9.3 性能优化

针对 InfluxDB 性能的优化，本节从数据的写入和查询两个方面出发，列出了 InfluxDB 在两种情况下的最佳实践方式。

9.3.1 数据写入优化方案

在将数据写入 InfluxDB 时，可以从如下方面进行优化：

（1）批量写入数据。

在批量写入数据时，可以最大程度减少系统网络开销。InfluxDB 建议的最佳批量数据大小为 5000 行行协议。

（2）按 key 值排序 tag。

写入数据时，尽可能对 tag 进行排序，如代码清单 9-14 所示。

代码清单 9-14

```
# 未排序标签的行协议
measurement,tagC=therefore,tagE=am,tagA=i,tagD=i,tagB=think fieldKey=fieldValue 1562020262

# 优化的行协议的例子，标签按键排序
measurement,tagA=i,tagB=think,tagC=therefore,tagD=i,tagE=am fieldKey=fieldValue 1562020262
```

（3）尽可能使用最粗略的时间精度。

在默认情况下，InfluxDB 以纳秒为精度写入数据。但在实际需求中，如果数据不是以纳秒为单位进行汇聚，则没必要以该精度为单位进行写入。为了获得更好的性能，InfluxDB 建议按照实际需求使用尽可能粗略的精度。

9.3.2 数据查询优化方案

在对数据库进行查询的时候，首先需要知道数据存储在哪个地方，在 InfluxDB 1.x 版本中，数据存储在数据库和保留策略中。而在 InfluxDB OSS 2.0 版本中，数据则是存储在 buckets 中。这里针对 Flux 查询的优化，可以从如下几个方面入手，以降低内存和计算 (CPU) 的需求。

（1）使用下推启动查询。

所谓下推，就是将数据操作推送到底层数据源而不是对内存中的数据进行操作的函数或者函数组合，其作用是提高查询性能。一旦非下推函数运行，Flux 会将数据拉入内存中并在那里运行所有后续操作。

InfluxDB2.0 支持的下推函数及函数组合见表 9-3。

表 9-3　InfluxDB2.0 支持下推函数列表

函数		函数组合
count()	last()	window() |> count()
drop()	max()	window() |> first()
duplicate()	mean()	window() |> last()
filter() *	min()	window() |> max()
fill()	range()	window() |> min()
first()	rename()	window() |> sum()
keep()	window()	—
sum()	—	—

例如，一个正在使用的下推功能，如代码清单 9-15 所示。

代码清单 9-15

```
from(bucket: "example-bucket")
  |> range(start: -1h)
  |> filter(fn: (r) => r.sensor == "abc123")
  |> group(columns: ["_field", "host"])          // 推送到数据源
  |> aggregateWindow(every: 5m, fn: max)
  |> filter(fn: (r) => r._value >= 90.0)
  |> top(n: 10)                                   // 在内存中运行
```

（2）合理使用 set() 和 map() 函数。

set() 函数为写入表中的每条记录分配一个静态值，如代码清单 9-16 所示。

代码清单 9-16

```
set(key: "myKey",value: "myValue")
```

map() 函数将函数应用于输入表中的每条记录。根据输入表的组键将修改后的记录分配给新表，如代码清单 9-17 所示。

代码清单 9-17

```
map(fn: (r) => ({ _value: r._value * r._value }))
```

set() 函数和 map() 函数都可以设置数据中的列值，但 set() 函数在性能上要优先于 map() 函数，关于该使用哪一个，可参考以下原则：

如果将列值设置为预定义的静态值，此时使用 set() 函数，如代码清单 9-18 所示。

代码清单 9-18

```
data
  |> set(key: "foo", value: "bar")
```

如果使用现有行数据动态设置列值，此时使用 map() 函数，如代码清单 9-19 所示。

代码清单 9-19

```
data
|> map(fn: (r) => ({ r with foo: r.bar }))
```

（3）谨慎使用功能较为繁重的函数。

在针对 InfluxDB 查询的时候，使用某些函数可能会占用更多的内存和 CPU，所以在使用它们之前，须考虑这些函数在数据处理过程中的必要性，这些函数包括 map()、reduce()、join()、union()、pivot()。

关于这些函数的具体含义，读者可参阅 https://docs.influxdata.com/flux/v0.x/stdlib/universe/。

9.4 性能报警

InfluxDB 在运行过程中，当某项指标达到了用户所限制的阈值，或者系统死机时，就需要系统发送警报提醒用户。InfluxDB 提供了一种监控数据并发送警报的机制，用户可以通过创建检查、添加通知端点、创建通知规则这 3 个步骤来监控自己的时间序列数据并发送警报。

9.4.1 创建检查

在开始创建检查之前，需要知道检查的两种类型。
- 阈值检查：根据高于、低于、在内部或超出定义的阈值的值分配状态。
- 死机检查：当 series 或 Group 在指定时间内未报告时，系统会为数据分配死机状态。

首先要做的是导入样本数据，这里选择空气传感器样本数据，关于具体导入过程，读者可参阅本书第 4 章。创建过程如下：

启动 InfluxDB 服务，访问 8086 端口，单击左侧"Alerts"，出现如图 9-4 所示的界面。

选择想要创建的检查类型，单击"+"号后，执行以下操作：

1）配置检查查询

（1）选择要查询的 bucket、measure、field 和 tag 集。

（2）选择聚合类函数。在聚合类函数列中，从时间间隔下拉列表中选择一个时间间隔（例如"每 5 分钟"）。并从函数列表中选择一个聚合类函数。

（3）提交以运行查询并预览结果，如图 9-5 所示。

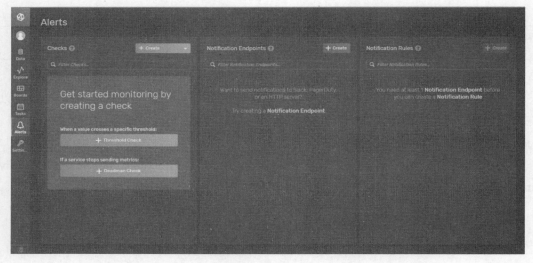

图 9-4 创建检查

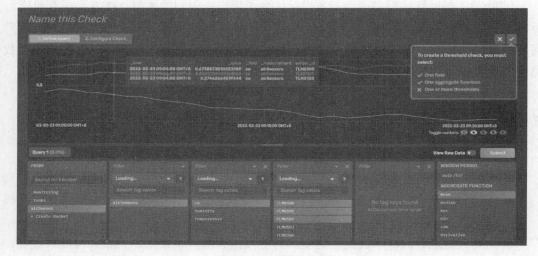

图 9-5 配置检查查询

2）配置检查

单击左上角的"CONFIGURE CHECK"（配置检查），配置如下 3 个参数。

Schedule Every：选择运行的时间间隔，这里的间隔要和检查查询的聚合类函数间隔相匹配。例如"每 5 分钟"。

Offset：偏移量，其值必须小于上个参数设置的时间间隔。

Tags：向查询输出添加自定义标签。每个自定义标签向查询输出中的每一行追加一个新列。列标签是标签键，列值是标签值。

根据检查类型配置检查条件：

（1）阈值检查。

单击状态名称（CRIT、WARN、INFO 或 OK）以定义该特定状态的条件。从"when

value"下拉列表中，选择一个阈值，包括 is above（大于）、is below（小于）、is inside of（包括于）、is outside of（超出的）。然后输入阈值的一个或多个值，还可以使用数据可视化中的阈值滑块来定义阈值，如图 9-6 所示。

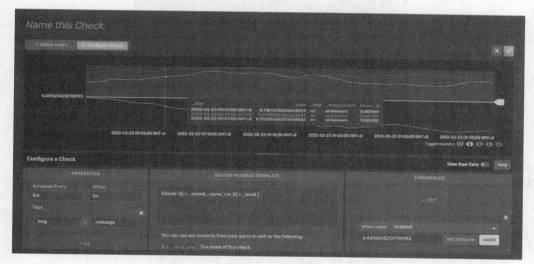

图 9-6　配置阈值检查

（2）死机检查。

在 for 字段中输入死机检查的持续时间。例如"90s""5m"等。之后在"set status to"下拉列表中选择一个状态，包括 CRIT、INFO、WARN、OK。最后在"And stop checks after"字段中，输入停止监视 series 的时间，例如"30m""2h"等，如图 9-7 所示。

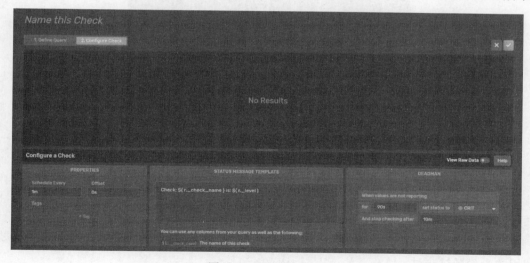

图 9-7　配置死机检查

单击右上角的"√"，保存创建的检查。保存后的检查如图 9-8 所示。

图 9-8　配置完成

9.4.2　添加通知端点

在创建好检查之后,当检查触发时,需要向第三方发送通知。接下来介绍如何为第三方添加通知端点。

(1) 在左侧导航栏中,选择"Alerts"(图 9-4 中左侧导航栏 Alerts 按钮),找到 Notification Endpoints,单击"Create",出现如图 9-9 所示的界面。

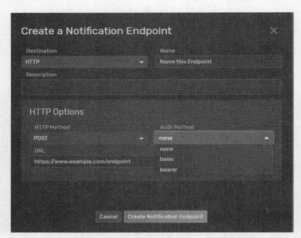

图 9-9　添加通知端点界面

(2) 单击"Destination"下拉列表,选择目标端点发送通知,下拉选择"HTTP",然后在"Name"和"Discription"这两个字段中输入端点的名字和说明。

(3) 输入信息以连接到端点,如图 9-9 所示,输入 URL 发送通知。接下来选择要使用的身份验证方法:

- none 表示不进行身份验证。
- basic 表示使用用户名和密码进行身份验证。
- bearer 表示使用 API 令牌进行身份验证,需要在令牌字段中输入 API 令牌。

(4) 完成后单击"Create Notification Endpoints",成功创建通知端点。

9.4.3 创建通知规则

在设置检查和通知端点后,需要创建通知规则以提醒用户,创建步骤如下:

(1)在图 9-4 左侧导航栏中,选择"Alerts",找到 Notification Rules,单击"Create",出现如图 9-10 所示的界面。

图 9-10 创建通知规则界面

(2)在 About 部分有如下设置:
- Name 字段指定创建的规则的名称。
- Schedule Every 指定创建的规则的运行频率。
- Offset 指定偏移时间,例如,如果任务在整点运行,则 10m 的偏移量会将任务延迟到整点后的 10 分钟。

(3)在 Conditions 部分,使用状态键和标签键的组合来构建条件。
- 在 When status 旁边,从下拉字段中选择一个状态。
- 在 AND When 旁边,输入一个或多个标签键值对作为过滤依据,如图 9-11 所示。

图 9-11 配置通知规则条件

(4)在 Message 部分,选择上面创建好的通知端点,如图 9-12 所示。

图 9-12　配置通知规则信息

（5）完成后单击"Create Notification Rule"，至此，一个监控时间序列数据的警报系统设置完毕。

9.5　小结

本章针对 InfluxDB 的性能进行了介绍，学习到这里，大家应该知道如何使用性能测试工具对 InfluxDB 进行性能测试，并能够在日常工作中，按照合理的使用规则使用以达到性能优化的目的。本章也较详细介绍了 InfluxDB 的监控与报警功能，用户可以创建一个完整的监控报警方案。

第 10 章
InfluxDB 集群

当数据库的数据量和读写频率增加到一定程度后,开源的 InfluxDB 单机版就会出现存储瓶颈和性能瓶颈,这时可以通过商用的 InfluxDB 企业版解决该问题,它拥有集群能力,具备更好的容错性、可用性和可扩展性。本章首先介绍 InfluxDB 集群的基本概念,接着介绍如何搭建 InfluxDB 集群环境。

通过本章的学习,将了解到:
- InfluxDB 企业版集群的基本概念。
- InfluxDB 企业版集群 Meta 节点的安装配置。
- InfluxDB 企业版集群 Data 节点的安装配置。

10.1 集群简介

10.1.1 集群架构概述

InfluxDB 集群由 Meta 节点和 Data 节点两组逻辑单元组成，Meta 节点存储集群运行相关的元数据消息，包括集群中有哪些节点、各节点的用户消息、保留策略信息、连续查询信息等；Data 节点保存所有原始时间序列数据，包括表、标签的键和值、字段的键和值。集群架构如图 10-1 所示。

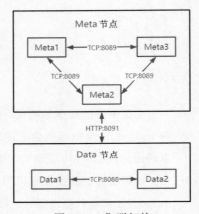

图 10-1　集群架构

Meta 节点之间通过 TCP 协议和 Raft 一致性协议进行通信，默认使用 8089 端口，请确保 Meta 节点之间可以相互访问该端口。此外 Meta 节点还提供了 HTTP API 接口，默认使用 8091 端口。

Data 节点之间通过 TCP 协议进行通信，默认使用 8088 端口。Data 节点通过 Meta 节点提供的默认端口号为 8091 的 HTTP API 与其通信。请确保这些端口在 Meta 节点和 Data 节点之间是可以相互访问的。

在集群内，所有 Meta 节点必须能与其他 Meta 节点通信，所有 Data 节点必须能与其他 Data 节点和 Meta 元节点通信。

Meta 节点保存了用于描述集群元数据的一致视图。Meta 节点集群采用了 HashiCorp 实现的 Raft 一致性协议，Data 节点则是采用了基于 TCP 的 Protobuf 协议进行数据复制与查询。

10.1.2 数据所在的地方

Meta 节点和 Data 节点各自负责数据库的不同部分。

1.Meta 节点

Meta 节点包含以下元数据：
- 集群中的所有节点及其角色。
- 集群中存在的所有数据库和保留策略。
- 所有分片和分片组，以及它们存在于哪些节点上。
- 集群用户及其权限。
- 所有连续查询。

Meta 节点将这些数据保存在磁盘上的 Raft 数据库中，Raft 数据库由 BoltDB 实现。默认情况下，Raft 数据库存储在 /var/lib/influxdb/meta/raft.db。

2.Data 节点

Data 节点保存所有原始时间序列数据和元数据，包括：
- 表。
- 标签的键和值。
- 字段的键和值。

在磁盘中，数据是按照 /<retention_policy>/<shard_id> 的格式（即 / 保留策略 / 分片 id）进行组织的，默认情况下，其父目录是 /var/lib/influxdb/data。

10.1.3 节点数量

Raft 协议是通过少数服从多数的原则来达成一致性的，因此 Meta 节点的数量必须为奇数。绝大多数情况下，3 个 Meta 节点就足够了，额外的 Meta 节点会成倍增加通信开销，除非集群节点之间的通信会频繁出现问题，否则不建议使用 3 个以上的 Meta 节点。

复制因子是保留策略的属性，用于确定在集群中存储数据的副本数，Data 节点的数量通常为复制因子的整数倍，例如当复制因子为 2 时，Data 节点的数量则应为 2、4、6 等。

10.2 集群安装配置

10.2.1 申请试用

早期，InfluxDB 的集群功能还是开源的，但从 0.12 版本开始就闭源并且收费了。好在 InfluxDB 给新用户提供了 14 天的试用许可证密钥，在申请到试用许可证密钥后的 14 天内，就可以免费体验 InfluxDB 企业版的集群功能了。下面将详细讲解如何申请

InfluxDB 企业版的试用许可证密钥。

首先，通过浏览器访问 https://portal.influxdata.com/users/new，根据提示输入姓名、邮箱、密码等信息后，单击"Sign Up"按钮注册账号，如图 10-2 所示。

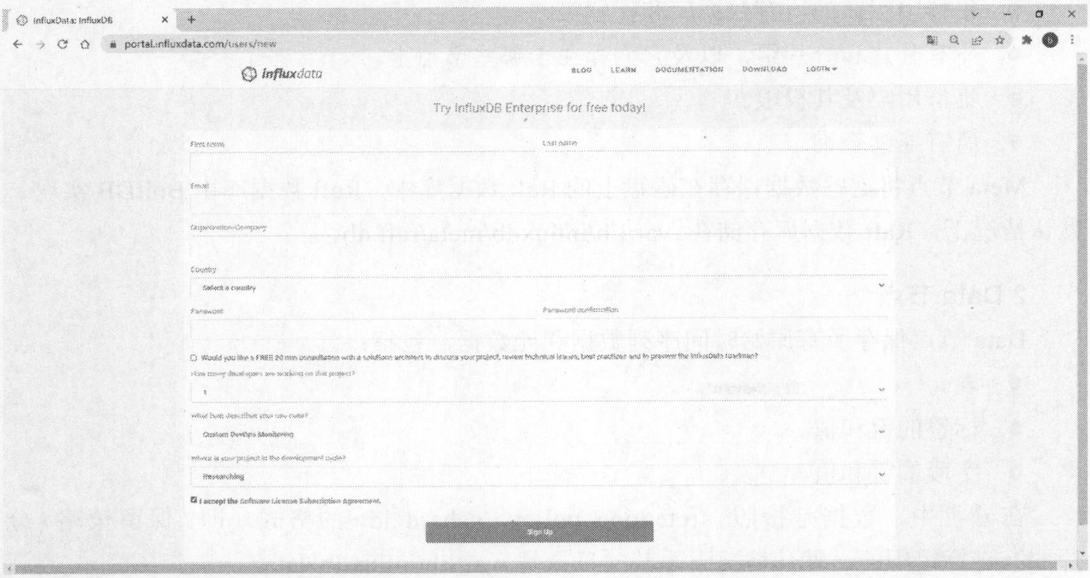

图 10-2　注册账号

注册好账号后，在弹出来的界面中单击"New Trial License"按钮，申请试用许可证密钥，如图 10-3 所示。

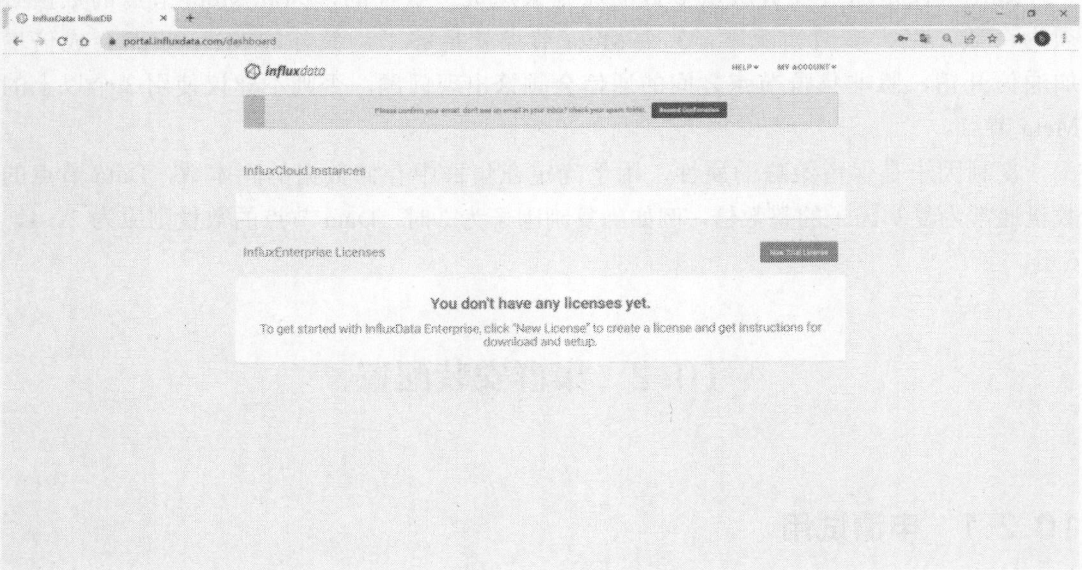

图 10-3　申请试用许可证密钥

"License Key"栏的"49c10e80-87d6-451e-95d1-3b7f1381c812"就是申请到的试用许可证密钥，如图 10-4 所示。复制保存好密钥，后面会使用到它。

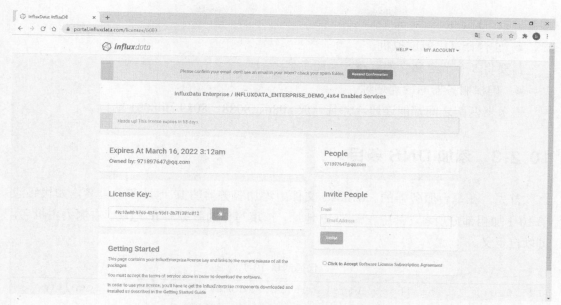

图 10-4 申请到的试用许可证密钥

勾选图 10-4 右下角的 "Click to Accept Software License Subscription Agreement"，会弹出 InfluxDB 企业版的 Data 节点和 Meta 节点的下载链接，目前企业版的最新版本为 1.9.6，如图 10-5 所示，大家可以根据自己的操作系统下载对应的版本。

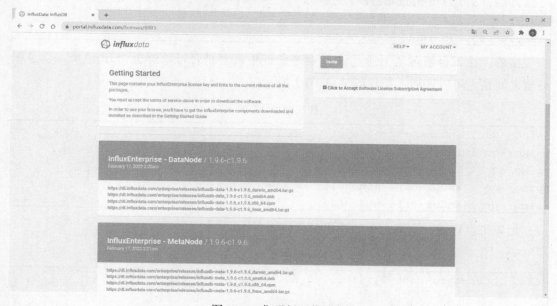

图 10-5 集群版下载链接

10.2.2 环境准备

后面会举例介绍如何搭建 3 个 Meta 节点和 2 个 Data 节点的集群，在此之前，需要准备好以下环境：
- 5 台计算机或虚拟机。

需要将 5 个节点独立部署在 5 台服务器上。
- 确保服务器间的连通性。

服务器两两之间都能连通，并且开放 8086、8088、8089 和 8091 端口。

10.2.3 添加 DNS 条目

首先，在每台服务器的 /etc/hosts 文件中添加服务器的 IP 地址和主机名，如代码清单 10-1 加粗部分所示，其中左侧为 IP 地址，请填写你的服务器 IP 地址，右侧为主机名，可以自定义。

代码清单 10-1

```
127.0.0.1       localhost localhost.localdomain localhost4 localhost4.localdomain4
::1             localhost localhost.localdomain localhost6 localhost6.localdomain6
192.168.85.131 influx-meta-node-01
192.168.85.132 influx-meta-node-02
192.168.85.133 influx-meta-node-03
192.168.85.134 influx-data-node-01
192.168.85.135 influx-data-node-02
```

接着，在每台服务器上通过 ping 命令验证主机名是否可以解析为 IP 地址，以及服务器之间是否可以连通，如代码清单 10-2 所示。

代码清单 10-2

```
ping -qc 1 influx-meta-node-01
ping -qc 1 influx-meta-node-02
ping -qc 1 influx-meta-node-03
ping -qc 1 influx-data-node-01
ping -qc 1 influx-data-node-02
```

如果可以连通，上述命令的输出如代码清单 10-3 所示。

代码清单 10-3

```
PING influx-meta-node-01 (192.168.85.131) 56(84) bytes of data.

--- influx-meta-node-01 ping statistics ---
1 packets transmitted, 1 received, 0% packet loss, time 0ms
rtt min/avg/max/mdev = 0.034/0.034/0.034/0.000 ms
```

在确保服务器之间可以相互连通后，再进行后续的安装。

10.2.4 Meta 节点的安装配置

（1）下载并安装 meta 服务。

在 Ubuntu 和 Debian 操作系统中，需要下载 meta 服务的 deb 软件包，接着通过 dpkg 命令进行安装，如代码清单 10-4 所示。

代码清单 10-4

```
wget https://dl.influxdata.com/enterprise/releases/influxdb-meta_1.9.6-c1.9.6_amd64.deb
sudo dpkg -i influxdb-meta_1.9.6-c1.9.6_amd64.deb
```

在 RedHat 和 CentOS 操作系统中，需要下载 meta 服务的 rpm 软件包，接着通过 yum localinstall 命令进行安装，如代码清单 10-5 所示。

代码清单 10-5

```
wget https://dl.influxdata.com/enterprise/releases/influxdb-meta-1.9.6_c1.9.6.x86_64.rpm
sudo yum localinstall influxdb-meta-1.9.6_c1.9.6.x86_64.rpm
```

（2）编辑配置文件。

修改 /etc/influxdb/influxdb-meta.conf 配置文件，主要修改以下 3 处：

- 取消 hostname 的注释并设置为当前 Meta 节点的主机名，即 /etc/hosts 文件中设置的主机名，如图 10-6 所示。

```
# Hostname advertised by this host for remote addresses. This must be resolvable by all
# other nodes in the cluster.
hostname = "influx-meta-node-01"
```

图 10-6　influxdb-meta.conf 配置文件中 hostname 设置

- 取消 [meta] 部分中 internal-shared-secret 的注释并将其设置为用于节点内通信的 JWT 身份验证的密码。此值为自定义，但对于所有 Meta 节点必须相同，并且与 Data 节点配置文件的 [meta] 部分中的 meta-internal-shared-secret 设置也要相同，如图 10-7 所示。

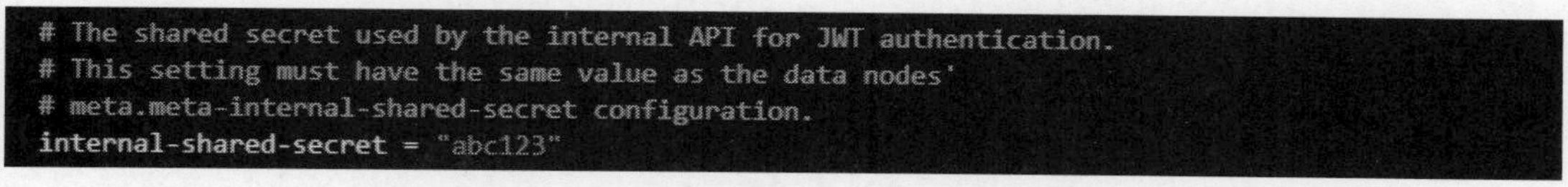

```
# The shared secret used by the internal API for JWT authentication.
# This setting must have the same value as the data nodes'
# meta.meta-internal-shared-secret configuration.
internal-shared-secret = "abc123"
```

图 10-7　influxdb-meta.conf 配置文件中 internal-shared-secret 设置

- 将 [enterprise] 部分的 license-key 设置为在之前申请到的试用许可证密钥，或者将 [enterprise] 部分的 license-path 设置为许可证文件的路径，注意这两个只能设置一个，另一个必须为空字符串。如果 https://portal.influxdata.com 的 80 或 443 端口能够正常访问，只需要试用许可证密钥就行了。当不能访问时，可通过邮件联系 InfluxData 的技术支持人员获取许可证文件，如图 10-8 所示。

```
# license-key and license-path are mutually exclusive, use only one and leave the other blank
license-key = "49c10e80-87d6-451e-95d1-3b7f1381c812"

# license-key and license-path are mutually exclusive, use only one and leave the other blank
license-path = ""
```

图 10-8　influxdb-meta.conf 配置文件中 license 设置

（3）启动 meta 服务。

在 SysVinit 系统（包括 Ubuntu 14.10 及以前版本、CentOS 6 及以前版本等系统），通过 service 命令启动 meta 服务，如代码清单 10-6 所示。

代码清单 10-6

```
service influxdb-meta start
```

在 Systemd 系统（包括 Ubuntu 15.04 及以后版本、CentOS 7 及以后版本等系统），通过 systemctl 命令启动 meta 服务，如代码清单 10-7 所示。

代码清单 10-7

```
sudo systemctl start influxdb-meta
```

通过 ps 命令检查 meta 服务是否启动成功，如代码清单 10-8 所示。

代码清单 10-8

```
ps aux | grep -v grep | grep influxdb-meta
```

如果启动成功，可以能看到类似代码清单 10-9 所示的输出。

代码清单 10-9

```
influxdb   1072  0.4  1.9 720040 19476 ?        Rsl  08:56   0:02 /usr/bin/influxd-meta -config /etc/influxdb/influxdb-meta.conf
```

（4）将 Meta 节点加入集群。

只需要从 Meta 节点所在的任意一台服务器上将所有 Meta 节点加入集群中，例如，在 influx-meta-node-01 节点所在服务器执行 influxd-ctl add-meta 命令可将所有 Meta 节点加入集群，如代码清单 10-10 所示。

代码清单 10-10

```
influxd-ctl add-meta influx-meta-node-01:8091
influxd-ctl add-meta influx-meta-node-02:8091
influxd-ctl add-meta influx-meta-node-03:8091
```

注意：请确保在加入过程中指定元节点的全限定主机名。不要指定 localhost，因为这会导致集群连接出现问题。

成功执行的预期输出如代码清单 10-11 所示。

代码清单 10-11

```
Added meta node 1 at influx-meta-node-01:8091
Added meta node 2 at influx-meta-node-02:8091
Added meta node 3 at influx-meta-node-03:8091
```

（5）验证集群。

要验证集群是否建立成功，请在所有 Meta 节点上运行 influxd-ctl show 命令，预期的输出如代码清单 10-12 所示。

代码清单 10-12

```
Data Nodes
==========
ID    TCP Address    Version        Labels

Meta Nodes
==========
ID    TCP Address                   Version       Labels
1     influx-meta-node-01:8091      1.9.6-c1.9.6  {}
2     influx-meta-node-02:8091      1.9.6-c1.9.6  {}
3     influx-meta-node-03:8091      1.9.6-c1.9.6  {}
```

按步骤操作后，可以看到集群中有 3 个 Meta 节点，否则，请将添加失败的节点重新添加到群集中。

10.2.5　Data 节点的安装配置

（1）下载并安装 data 服务。

在 Ubuntu 和 Debian 操作系统中，需要下载 data 服务的 deb 软件包，接着通过 dpkg 命令进行安装，如代码清单 10-13 所示。

代码清单 10-13

```
wget https://dl.influxdata.com/enterprise/releases/influxdb-data_1.9.6-c1.9.6_amd64.deb
sudo dpkg -i influxdb-data_1.9.6-c1.9.6_amd64.deb
```

在 RedHat 和 CentOS 操作系统中，需要下载 data 服务的 rpm 软件包，接着通过 yum localinstall 命令进行安装，如代码清单 10-14 所示。

代码清单 10-14

```
wget https://dl.influxdata.com/enterprise/releases/influxdb-data-1.9.6_c1.9.6.x86_64.rpm
sudo yum localinstall influxdb-data-1.9.6_c1.9.6.x86_64.rpm
```

（2）编辑配置文件。

修改 /etc/influxdb/influxdb.conf 配置文件，主要修改以下 5 处：
- 取消 hostname 的注释并设置为 Data 节点的主机名，即 /etc/hosts 文件中设置的主机名，如图 10-9 所示。

```
# Hostname advertised by this host for remote addresses. This must be resolvable by all
# other nodes in the cluster.
hostname = "influx-data-node-01"
```

图 10-9　influxdb.conf 配置文件中 hostname 设置

- 取消 [meta] 部分的 meta-auth-enabled 注释并将其设置为 true，如图 10-10 所示。
- 取消 [meta] 部分的 meta-internal-shared-secret 的注释并将其设置为用于节点内通信的 JWT 身份验证的密码。此值为自定义，但对于所有 Data 节点必须相同，并且与 Meta 节点配置文件的 [meta] 部分的 internal-shared-secret 设置也要相同，如图 10-10 所示。

```
# The shared secret used by the internal API for JWT authentication. This setting
# must have the same value as the meta nodes' meta.auth-enabled configuration.
meta-auth-enabled = true

# This setting must have the same value as the meta nodes' meta.internal-shared-secret configuration
# and must be non-empty if set.
meta-internal-shared-secret = "abc123"
```

图 10-10　influxdb.conf 配置文件中验证相关的设置

- 将 [enterprise] 部分的 license-key 设置为之前申请到的试用许可证密钥，或者将 [enterprise] 部分的 license-path 设置为许可证文件的路径，注意这两个只能设置一个，另一个必须为空字符串，如图 10-11 所示。

```
# license-key and license-path are mutually exclusive, use only one and leave the other blank.
license-key = "49c10e80-87d6-451e-95d1-3b7f1381c812"

# The path to a valid license file. license-key and license-path are mutually exclusive,
# use only one and leave the other blank.
license-path = ""
```

图 10-11　influxdb.conf 配置文件中 license 相关的设置

- 取消 [http] 部分的 auth-enabled 注释并将其设置为 true，如图 10-12 所示。

```
# Determines whether HTTP authentication is enabled.
auth-enabled = true
```

图 10-12　influxdb.conf 配置文件中 http 验证相关的设置

（3）启动 data 服务。

在 SysVinit 系统（包括 Ubuntu 14.10 及以前版本、CentOS 6 及以前版本等系统）上，通过 service 命令启动 data 服务，如代码清单 10-15 所示。

代码清单 10-15

```
service influxdb start
```

在 Systemd 系统（包括 Ubuntu 15.04 及以后版本、CentOS 7 及以后版本等系统）上，通过 systemctl 命令启动 data 服务，如代码清单 10-16 所示。

代码清单 10-16

```
sudo systemctl start influxdb
```

通过 ps 命令检查 data 服务是否启动成功，如代码清单 10-17 所示。

代码清单 10-17

```
ps aux | grep -v grep | grep influxdb
```

如果启动成功，可以看到类似于代码清单 10-18 的输出。

代码清单 10-18

```
influxdb   3579  0.6  4.3 826364 43300 ?        Ssl  10:22   0:05 /usr/
bin/influxd -config /etc/influxdb/influxdb.conf
```

（4）将 Data 节点加入集群。

只需要从一台 Meta 节点服务器上将所有 Data 节点加入集群中，例如，在 influx-meta-node-01 节点所在服务器执行 influxd-ctl add-data 命令可将所有 Data 节点加入集群，如代码清单 10-19 所示。

代码清单 10-19

```
influxd-ctl add-data influx-data-node-01:8088
influxd-ctl add-data influx-data-node-02:8088
```

成功执行的预期输出如代码清单 10-20 所示。

代码清单 10-20

```
Added data node 4 at influx-data-node-01:8088
Added data node 5 at influx-data-node-02:8088
```

（5）验证集群。

要验证集群是否建立成功，请在所有 Meta 节点上运行 influxd-ctl show 命令，预期的输出如代码清单 10-21 所示。

代码清单 10-21

```
Data Nodes
==========
ID    TCP Address                Version           Labels
4     influx-data-node-01:8088   1.9.6-c1.9.6      {}
5     influx-data-node-02:8088   1.9.6-c1.9.6      {}
Meta Nodes
==========
ID    TCP Address                Version           Labels
1     influx-meta-node-01:8091   1.9.6-c1.9.6      {}
2     influx-meta-node-02:8091   1.9.6-c1.9.6      {}
3     influx-meta-node-03:8091   1.9.6-c1.9.6      {}
```

按步骤操作后，应该看到集群中有两个 Data 节点、3 个 Meta 节点，并且它们的 ID 是按添加顺序递增的。

10.3 小结

本章主要介绍了 InfluxDB 企业版的集群功能，首先介绍了 InfluxDB 集群的基本概念，包括集群的架构，接着介绍了 InfluxDB 集群的安装配置，包括如何申请试用许可证、准备配置环境、添加 DNS 条目、Meta 节点和 Data 节点的安装配置过程。按照本章介绍的步骤，大家应当学会了如何搭建一个 InfluxDB 的集群环境。

第 11 章
备份管理

当你遇到机器故障或误操作导致数据丢失时,是否因没做好备份而感到懊恼呢?在企业生产中,数据备份显得更为重要,当意外情况发生时,可以通过备份来快速地还原,将危害降至最低。InfluxDB 单机版和集群版都提供了备份和恢复工具,本章将分别进行详细讲解。通过本章的学习,将掌握以下知识:

- 单机版数据的备份和恢复。
- 集群版数据的备份和恢复。

11.1 单机版备份管理

11.1.1 备份数据

使用单机版 InfluxDB 时，可以通过 influx backup 命令备份存储在 InfluxDB 中的数据和元数据，具体语法如代码清单 11-1 所示。

代码清单 11-1
```
influx backup [flags] path
```

backup 命令支持的可选项具体见表 11-1。

表 11-1 backup 命令支持的可选项

flags	描述
-c 或 --active-config	用于命令的 CLI 配置
--bucket-id	要备份的存储桶的 ID（与 --bucket 选项互斥）
-b 或 --bucket	要备份的存储桶的名称（与 --bucket-id 选项互斥）
--compression	默认设置为 gzip，表示启用对下载文件的压缩；如果设置为 none 表示禁用压缩
--configs-path	CLI 配置文件的路径，默认值为 ~/.influxdbv2/configs
-h 或 --help	输出 backup 命令的帮助文档
--hide-headers	隐藏表格标题，默认值为 false
--host	InfluxDB 的 HTTP 地址，默认值为 http://localhost:8086
--http-debug	检查与 InfluxDB 服务器的通信
--json	以 JSON 格式输出数据，默认值为 false
-o 或 --org	组织名称（与 --org-id 命令互斥）
--org-id	组织 ID（与 --org 命令互斥）
--skip-verify	跳过 TLS 证书验证
-t 或 --token	API 令牌，如果在 CLI 配置文件中没有配置 token，则必须通过该选项指定 token

下面通过一个例子来说明如何使用备份命令。将特定存储桶备份到指定目录，如代码清单 11-2 所示。

代码清单 11-2
```
>influx backup --bucket bucket11 /backup/dir/
2022-04-14T08:15:18.704672Z     info    Backing up KV store     {"log_id": "0_qn5xgl000", "path": "20220414T081518Z.bolt"}
2022-04-14T08:15:18.723691Z     info    Resources opened        {"log_id": "0_qn5xgl000", "path": "20220414T081518Z.bolt"}
```

```
2022-04-14T08:15:18.728734Z          info     Backing up organization   {"log_
id": "0_qn5xgl000", "id": "13c0caee467f9d61", "name": "org1"}
2022-04-14T08:15:18.728734Z          info     Backing up bucket           {"log_
id": "0_qn5xgl000", "id": "22c07ce637bf9a34", "name": "_monitoring"}
2022-04-14T08:15:18.728734Z          info     Backing up bucket           {"log_
id": "0_qn5xgl000", "id": "13c0caee467f9d61", "name": "_tasks"}
2022-04-14T08:15:18.728734Z          info     Backing up bucket           {"log_
id": "0_qn5xgl000", "id": "f038fc36098da43b", "name": "bucket11"}
2022-04-14T08:15:18.729734Z          info     Backing up shard            {"log_
id": "0_qn5xgl000", "id": 1, "path": "20220414T081518Z.s1.tar.gz"}
2022-04-14T08:15:18.775773Z          info     Writing manifest            {"log_
id": "0_qn5xgl000", "path": "20220414T081518Z.manifest"}
2022-04-14T08:15:18.777779Z          info     Backup complete {"log_id": "0_
qn5xgl000", "path": "./"}
```

成功备份后指定目录会产生 3 个文件。
- 元数据备份：20220414T081518Z.bolt。
- 分片数据备份：20220414T081518Z.<shard_id>.tar.gz。
- 备份描述文件：20220414T081518Z.manifest。

11.1.2 恢复数据

当数据损坏或丢失时，可以使用 influx restore 命令从 InfluxDB OSS 中恢复备份的数据和元数据。InfluxDB 会将现有数据和元数据移动到临时位置，如果恢复失败，InfluxDB 会保留该临时数据以便进行恢复；如果恢复成功，则会删除这些临时数据。恢复命令的具体语法如代码清单 11-3 所示。

代码清单 11-3

```
influx restore [flags]
```

请注意，influx restore 命令是无法将数据恢复到现有存储桶的，可以使用 --new-bucket 选项创建一个新的存储桶来恢复数据。如果想要恢复数据并保留存储桶名称，则需先删除现有存储桶，然后进行恢复。其他可选项见表 11-2。

表 11-2 restore 命令支持的可选项

flags	描述
-c 或 --active-config	用于命令的 CLI 配置
-b 或 --bucket	要恢复的存储桶名称（与 --bucket-id 命令互斥）
--bucket-id	要恢复的 bucket 的 ID（与 --bucket 命令互斥）
--configs-path	influxCLI 配置的路径，默认值为 ~/.influxdbv2/configs
--full	完全恢复和替换服务器上的所有数据
-h 或 --help	输出命令的帮助文档
--hide-headers	隐藏表格标题，默认值为 false

续表

flags	描述
--host	InfluxDB 的 HTTP 地址，默认值为 http://localhost:8086
--http-debug	检查与 InfluxDB 服务器的通信
--json	以 JSON 格式输出数据，默认值为 false
--new-bucket	要恢复到的存储桶的名称
--new-org	要恢复到的组织名称
-o 或 --org	组织名称（与 --org-id 命令互斥）
--org-id	组织 ID（与 --org 命令互斥）
--skip-verify	跳过 TLS 证书验证
-t 或 --token	API 令牌，如果在 CLI 配置文件中没有配置 token，则必须通过该选项指定 token

下面通过一个例子来说明如何使用恢复命令。将指定存储桶的备份数据恢复到新的存储桶中，如代码清单 11-4 所示。

代码清单 11-4

```
influx restore --bucket bucket11 --new-bucket bucket12 /backup/dir/
2022-04-14T08:30:56.511735Z     info    Resources opened        {"log_id": "0_qn~B~W000", "path": "20220414T081518Z.bolt"}
2022-04-14T08:30:56.512735Z     info    Restoring organization  {"log_id": "0_qn~B~W000", "backup_id": "13c0caee467f9d61", "backup_name": "org1", "restored_name": "org1"}
2022-04-14T08:30:56.525724Z     info    Restoring bucket        {"log_id": "0_qn~B~W000", "backup_id": "f038fc36098da43b", "backup_name": "bucket11", "restored_name": "bucket12"}
2022-04-14T08:30:56.582779Z     info    Restoring shard from local backup       {"log_id": "0_qn~B~W000", "id": 2, "path": "20220414T081518Z.s1.tar.gz"}
2022-04-14T08:30:56.614785Z     info    Partial restore complete        {"log_id": "0_qn~B~W000", "path": "./"}
```

11.2 集群版备份管理

InfluxDB 企业版提供了两种工具用于管理备份和恢复数据，这两种工具侧重点有所不同。

- 备份和恢复工具：适用于大多数应用。
- 导出和导入工具：针对大型数据集补充设计的备份工具。

上述工具可用于：

- 由于意外事件导致数据损坏或丢失后提供恢复。
- 将数据迁移到新的环境或服务器上。

- 将集群恢复到一致性状态。
- 用于调试。

11.2.1 备份数据

集群版备份会创建 Meta 节点的元数据和 Data 节点的分片数据的副本,并将该副本存储在指定目录中;或者使用备份选项 -strategy only-meta 备份集群的元数据。除了指定数据副本,备份还包括一份 JSON 格式的清单,用于描述备份期间收集的内容。文件名反映创建备份时的 UTC 时间戳,以下是几个案例。

- 元数据备份:20220102T150405Z.meta(其中包括清单用户名和密码)。
- 分片数据备份:20220102T150405Z.<shard_id>.tar.gz。
- 显现:20220102T150405Z.manifest。

备份包括完整备份、增量备份或仅元数据备份,默认情况下它们是增量的。

- 完整备份:创建元数据和分片数据的副本。
- 增量备份:创建自上次增量备份以来已更改的元数据和分片数据的副本;如果没有现有的增量备份,系统会自动执行完整备份。
- 仅元数据备份:仅创建元数据的副本。

恢复不同类型的备份需要不同的语法。为防止备份出现问题,请将完整备份、增量备份和仅元数据备份保存在单独的目录中。

集群版备份命令的语法如代码清单 11-5 所示。

代码清单 11-5

```
influxd-ctl [global-options] backup [backup-options] <path-to-backup-directory>
```

备份命令支持的全局选项 [global-options] 如下。

- [-auth-type [none | basic | jwt]]:指定要使用的身份认证类型,默认值为 none。
- [-bind :]:指定要连接的 Meta 节点绑定的 HTT 地址,默认值为 localhost:8091。
- [-bind-tls]:使用 TLS,如果启用了 HTTPS,则必须使用此参数才能连接到元节点。
- [-config ']:指定配置文件的路径。
- [-pwd]:指定用户的密码。如果 -auth-type basic 未指定,此参数会被忽略。
- [-k]:跳过证书验证,将此参数与自签名证书一起使用。如果 -bind-tls 未指定,此参数会被忽略。
- [-secret]:指定 JSON Web Token (JWT) 共享密钥。如果 -auth-type jwt 未指定,此参数会被忽略。
- [-user]:指定用户的用户名。如果 -auth-type basic 未指定,此参数会被忽略。

备份命令支持的备份选项 [backup-options] 如下。

- -db：要备份的单个数据库的名称。
- -from：备份时首选的 Data 节点的 TCP 地址。
- -strategy：选择备份期间要应用的备份策略，有以下 3 种。
  incremental：增量备份（默认选项），仅备份自上次备份以来添加的数据。
  full：执行完整备份。和 -full 一样的效果。
  only-meta：仅对元数据执行备份，包括用户、角色、数据库、连续查询、保留策略等。
- -full：执行完整备份（已弃用，仅支持 -strategy=full）。
- -rp：要备份的单个保留策略的名称（使用 -rp 时必须指定 -db）。
- -shard：要备份的单个分片的 ID。

下面通过几个例子来说明如何进行集群备份。

例 1：对当前目录执行增量备份。如果当前目录存在任何现有备份，系统将执行增量备份；如果当前目录中没有任何现有的备份，系统会对 InfluxDB 中的所有数据进行备份，命令如代码清单 11-6 所示。

代码清单 11-6

```
influxd-ctl backup .
```

例 2：对指定目录执行全量备份。所指定目录必须已经存在，命令如代码清单 11-7 所示。

代码清单 11-7

```
influxd-ctl backup -full backup_dir
```

例 3：在单个数据库上执行增量备份。指向远程源服务器并仅将单个数据库备份到指定目录中（该目录必须已经存在），命令如代码清单 11-8 所示。

代码清单 11-8

```
influxd-ctl -bind 2a1b7a338184:8091 backup -db telegraf ./telegrafbackup
```

例 4：执行仅元数据备份。仅将元数据备份到特定目录（该目录必须已经存在），命令如代码清单 11-9 所示。

代码清单 11-9

```
influxd-ctl backup -strategy only-meta backup_dir
```

11.2.2 恢复数据

集群版恢复时，可以将备份恢复到现有集群或新集群中，同样的恢复也支持完整恢复和增量恢复，两种方式的语法有所差异。

请注意，在恢复备份之前，需要停止集群中每个 Data 节点上的反熵 (Anti-Entropy) 服务（如果已启用），具体步骤如下：

（1）停止 influxd 服务。

（2）在 influx 配置文件中将 [anti-entropy].enabled 设置为 false。

（3）重新启动 influxd 服务并等待 Data 节点接收到读写请求。

（4）每个 Data 节点都禁用 Anti-Entropy 服务并恢复到健康状态后，就可以开始恢复备份了。

（5）恢复备份后，在每个数据节点上重启 Anti-Entropy 服务。

集群版恢复命令的语法如代码清单 11-10 所示。

代码清单 11-10

```
influxd-ctl [global-options] restore [restore-options] <path-to-backup-directory>
```

恢复命令支持的全局选项 [global-options] 如下。

- [-auth-type [none | basic | jwt]]：指定要使用的身份验证类型，默认值为 none。
- [-bind :]：指定要连接的 Meta 节点的绑定 HTTP 地址，默认值为 localhost:8091。
- [-bind-tls]：使用 TLS。如果启用了 HTTPS，则必须使用此参数才能连接到 Meta 节点。
- [-config]：指定配置文件的路径。
- [-pwd]：指定用户的密码。如果 -auth-type basic 未指定，此参数会被忽略。
- [-k]：跳过证书验证，将此参数与自签名证书一起使用。如果 -bind-tls 未指定，此参数会被忽略。
- [-secret]：指定 JSON Web Token (JWT) 共享密钥。如果 -auth-type jwt 未指定，此参数会被忽略。
- [-user]：指定用户的用户名。如果 -auth-type basic 未指定，此参数会被忽略。

恢复命令支持的恢复选项 [restore-options] 如下。

- -db <string>：要恢复的单个数据库的名称。
- -list：显示备份的内容。
- -full：恢复完整备份。
- -newdb <string>：要恢复到的新数据库的名称（必须指定 -db）。
- -nerf <int>：要恢复到的新副本数量（不能超过集群中 Data 节点的数量）。
- -newrp <string>：要恢复到的新保留策略的名称（必须指定 -rp）。
- -rp <string>：要恢复的单个保留策略的名称。
- -shard <unit>：要恢复的分片 ID。

下面通过几个例子来说明如何进行集群恢复：

例 1：从增量备份中恢复，如代码清单 11-11 所示。

代码清单 11-11

```
influxd-ctl restore my-incremental-backup/
```

例 2：从元数据备份中恢复，如代码清单 11-12 所示。

例 3：从全量备份中恢复，如代码清单 11-13 所示。

代码清单 11-13

```
influxd-ctl restore -full my-full-backup/20170131T020341Z.manifest
```

例 4：从单个数据库的增量备份恢复并为数据库指定新名称，如代码清单 11-14 所示。

代码清单 11-14

```
influxd-ctl restore -db telegraf -newdb restored_telegraf my-incremental-backup/
```

例 5：从全量或增量备份恢复（覆盖）元数据以修复损坏的元数据，如代码清单 11-15 所示。

代码清单 11-15

```
influxd-ctl restore -meta-only-overwrite-force my-incremental-backup/
```

11.2.3 导出数据

在大多数场景下，上述备份和恢复工具都能够很好地工作，但是，在需要对大型数据集进行备份和恢复时，上述工具就难以应对了，这时，作为标准备份和恢复工具的替代方案，InfluxDB 的导出和导入工具（influx_inspect export 和 influx -import）就能够发挥它的作用了，这些命令可以手动执行，也可以包含在以预定时间间隔运行导出和导入操作的 shell 脚本中。

使用 influx inspect export 命令从 InfluxDB 集群版中以行协议格式导出数据，具体语法如代码清单 11-16 所示。

代码清单 11-16

```
influx_inspect export [options]
```

导出命令的可选项 [options] 如下。

- [-compress]：使用 gzip 压缩数据，默认值为 false。
- [-database <db_name>]：要导出的数据库的名称。
- [-datadir <data_dir>]：目录的路径 data，默认值为 "$HOME/.influxdb/data"。
- [-end]：时间范围结束的时间戳，必须是 RFC3339 格式。
- [-lponly]：仅以行协议格式输出数据，不包括注释或数据定义语言，例如 CREATE DATABASE。
- [-out <export_dir>]：导出文件的位置，默认值为 "$HOME/.influxdb/export"。
- [-retention <rp_name>]：要导出的保留策略的名称。
- [-start]：时间范围开始的时间戳，时间戳字符串必须采用 RFC3339 格式。

- [-waldir <wal_dir>]：WAL 目录的路径，默认值为 "$HOME/.influxdb/wal"。

在下面的例子中，导出的数据库经过过滤后仅包含一天的数据，并使用了数据压缩，如代码清单 11-17 所示。

代码清单 11-17
```
influx_inspect export -database myDB -compress -start 2021-05-19T00:00:00.000Z -end 2021-05-19T23:59:59.999Z
```

11.2.4 导入数据

以行协议格式导出数据后，可以使用 influx -import 命令导入之前导入的数据，具体语法如代码清单 11-18 所示。

代码清单 11-18
```
influx -import [options]
```

导入命令的可选项 [options] 如下。

- [-path]：要导入的数据文件的存储路径。
- [-compress]：允许导入文件为压缩文件。
- [-pps]：允许导入的速率，默认值为 0，代表不做限速。
- [-precision 'h|m|s|ms|u|ns']：指定导入数据的时间戳精度，默认为 ns（纳秒）。

在下面的例子中，将指定数据文件中的数据导入数据库中，时间戳精度为秒，如代码清单 11-19 所示。

代码清单 11-19
```
influx -import -path=datarrr.txt -precision=s
```

11.3 小结

本章主要介绍了 InfluxDB 的备份管理，包括如何使用单机版的备份和恢复工具、集群版的备份和恢复工具、集群版的导出和导入工具，相信通过本章的学习，大家已经知道了如何备份数据和恢复数据，在平时使用数据库时，一定要养成定时备份的好习惯。

第 12 章
InfluxDB 与程序设计

通过对前面章节的学习,大家对 InfluxDB 已经有了较深的理解,不过大家是否有过这样的疑惑,作为出色的时序数据库之一,InfluxDB 是怎样运用到实际的开发过程中去的呢?其实,InfluxDB 提供了一系列客户端 SDK,可以直接将其引入大家自己创建的项目工程中去进行使用。本章将通过 InfluxDB 在 Java、Python 工程中的使用,来演示其具体作用过程,通过本章的学习,将了解到:
- InfluxDB 在 Java Spring Boot 中的使用。
- InfluxDB 在 Python 中的使用。

12.1 Java SDK 使用

本节主要从数据的读写操作、创建存储桶并赋予权限方面出发，通过编码的方式演示其具体过程。在执行具体操作之前，需要在 InfluxDB 中创建一个数据库用来进行读写操作，创建数据库可以使用 Influx CLI 或者 InfluxDB UI 的方式，这里以 InfluxDB UI 的方式演示。

（1）启动 InfluxDB 服务，访问 localhost：8086 端口，进入服务可视化界面，如图 12-1 所示。

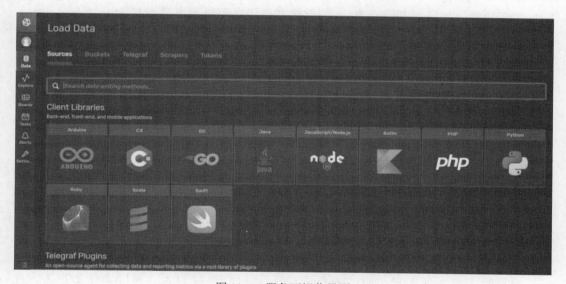

图 12-1　服务可视化界面

（2）单击"Buckets"→"Create Bucket"，创建一个存储桶，如图 12-2 所示。

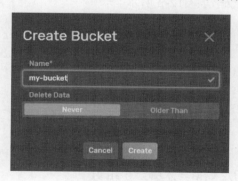

图 12-2　创建存储桶

（3）在创建好存储后，需要再创建一个令牌，并为其设置 all access 权限，这样在后面的实验中，就可以通过携带这个令牌进行读写操作了，创建过程如下：

单击"Tokens"→"Generate Token"，选择"All Access Token"，为令牌添加描述，如图 12-3 所示。

图 12-3　创建 API 令牌

通过在 Spring Boot 工程中引入 InfluxDB 依赖的方式，就可以直接在项目中使用 InfluxDB 功能。如果对 Spring Boot 的创建和使用还不熟悉，请参考 https://docs.spring.io/spring-boot/docs/current/reference/html/index.html。

创建好 Spring Boot 工程后，在 pom.xml 文件中的 <dependencies> 标签下添加 InfluxDB Java 依赖，如代码清单 12-1 所示。

代码清单 12-1

```xml
<dependency>
    <groupId>com.influxdb</groupId>
    <artifactId>influxdb-client-java</artifactId>
    <version>4.3.0</version>
</dependency>
```

12.1.1　使用 Java 在 InfluxDB 中写入数据

数据写入有 3 种方式：通过 Point 写入；通过行协议写入；通过实体类写入。在进行数据写入之前，需要先连接到 InfluxDB 数据库，因此声明 3 个静态私有变量：token、org、bucket，如代码清单 12-2 所示。

代码清单 12-2

```java
private static char[] token = "CIAoq0ikaS2jbX-3NgQ_OZnLt3iUs8jAauYSa5PUBaYlQID6WSLF8Cw2k-h2QrU3jN9C6Mdsf1gh0IYPXlD98w==".toCharArray();
private static String org = "myOrg";
private static String bucket = "my-bucket";
```

3 个变量的含义如下。

- token：创建的令牌，通过在请求中加入 token 来实现认证和权限操作。
- org：组织名。指定数据写入哪一个组织中。
- bucket：桶名。数据存放的位置。

前文创建好了 token，这里直接复制。需要注意的是 token 变量需要的是一个字符数组，所以需要通过 toCharArray() 方法将 token 数据转换为字符数组。

要对 InfluxDB 数据库执行操作，需要得到一个 influxDBClient 实例对象，可以通过调用 InfluxDBClientFactory 的 create() 方法创建 influxDBClient 实例对象。create() 方

法参数为 create(url, token, org, (String)null)。

在这三个参数中：
- url 表示服务链接地址，InfluxDB 默认 8086 端口，所以这里是 http://localhost:8086。
- token，org 是上文声明的变量，表示作用于哪一个 bucket。

代码如下所示：

```
InfluxDBClient influxDBClient = InfluxDBClientFactory.create("http://localhost:8086", token, org, bucket);
```

得到 influxDBClient 对象之后，通过调用 influxDBClient.getWriteApiBlocking() 方法得到写入执行对象。关于 WriteApiBlocking 的完整作用，后文有详细介绍。

```
WriteApiBlocking writeApi = influxDBClient.getWriteApiBlocking();
```

接下来准备要写入数据库的数据，不同的写入方式有不同的创建数据方法，三种写入方式分别为 Point 写入、行协议写入以及实体类写入。

（1）Point 写入。

通过调用 Point 类的 measurement()、addTag()、addFiled()、time() 方法为数据指定表名、tag 标签、Filed 字段以及时间戳，如代码清单 12-3 所示。

代码清单 12-3

```
Point point = Point.measurement("temperature")
            .addTag("location", "west")
            .addField("value", 55D)
            .time();
```

（2）行协议写入。

通过调用写入 API 的 writeRescord() 方法将行协议数据进行写入：

```
"temperature,location=north value=60.0"
```

（3）实体类写入。

需要额外创建一个 Temperature 类，如代码清单 12-4 所示。

代码清单 12-4

```
@Measurement(name = "temperature")
private static class Temperature {

    @Column(tag = true)
    String location;

    @Column
    Double value;

    @Column(timestamp = true)
    Instant time;
```

通过 new 关键字得到 Temperature 实体类对象，并为其每个字段赋相应的值，如代码清单 12-5 所示。

代码清单 12-5

```
Temperature temperature = new Temperature();
temperature.location = "south";
temperature.value = 62D;
temperature.time = Instant.now();
```

数据准备好后，通过执行对象 writeApi 将数据写入数据库中，不同的数据创建方式有不同的写入方法：

- 通过 Point 写入。调用 writePoint() 方法，将 point 传入 writeApi 的 writePoint() 方法完成写入：

```
writeApi.writePoint(point);
```

- 通过行协议写入。调用 writeRecord() 方法：

```
writeApi.writeRecord(WritePrecision.NS, "temperature,location=north value=60.0");
```

- 通过实体类写入。调用 writeMeasurement() 方法：

```
writeApi.writeMeasurement( WritePrecision.NS, temperature);
```

完整代码如代码清单 12-6 所示。

代码清单 12-6

```
package com.cisdi.test;

import com.influxdb.annotations.Column;
import com.influxdb.annotations.Measurement;
import com.influxdb.client.InfluxDBClient;
import com.influxdb.client.InfluxDBClientFactory;
import com.influxdb.client.WriteApiBlocking;
import com.influxdb.client.domain.WritePrecision;
import com.influxdb.client.write.Point;
import java.time.Instant;

public class TestInfluxDB {

    private static char[] token = "CIAoq0ikaS2jbX-3NgQ_OZnLt3iUs8jAauYSa5PUBaYlQID6WSLF8Cw2k-h2QrU3jN9C6Mdsf1gh0IYPXlD98w==".toCharArray();
// 指定组织名和桶名
    private static String org = "myOrg";
    private static String bucket = "my-bucket";
    public static void main(final String[] args) {

// 获取 influxDBClient 对象
        InfluxDBClient influxDBClient = InfluxDBClientFactory.create("http://localhost:8086", token, org, bucket);
```

```java
        // 获得writeApi 写入对象
        WriteApiBlocking writeApi = influxDBClient.getWriteApiBlocking();

        // Point 写入
        Point point = Point.measurement("temperature")
                .addTag("location", "west")
                .addField("value", 55)
                .time(Instant.now().toEpochMilli(), WritePrecision.MS);

        writeApi.writePoint(point);

        // 行协议写入
            writeApi.writeRecord(WritePrecision.NS,
"temperature,location=north value=60");

        // 实体类写入
        Temperature temperature = new Temperature();
        temperature.location = "south";
        temperature.value = 62;
        temperature.time = Instant.now();

        writeApi.writeMeasurement( WritePrecision.NS, temperature);

          @Measurement(name = "temperature")
    private static class Temperature {

        @Column(tag = true)
        String location;

        @Column
        Double value;

        @Column(timestamp = true)
        Instant time;
    }
  }
}
```

运行之后,在数据库中查看是否写入成功,如代码清单12-7所示。

代码清单12-7

```
> select * from temperature
name: temperature
time                          value        location
----                          -----        --------
```

```
2022-02-28T06:50:58.897Z        55              west
2022-02-28T09:13:30.435Z        60              north
2022-02-28T09:13:48.652Z        62              south
```

可以看到，数据已经成功写入数据库中。

12.1.2 WriteApiBlocking

上文中提到的 WriteApiBlocking 接口作用于写入操作，主要有以下三个方法。

- writeMeasurement()：将表写入执行的存储桶。
- writePoint()：将数据写入指定的存储桶。
- writeRecords()：将行协议写入指定的存储桶。

1.writeMeasurement()

该方法提供了四种函数重载方式，包括：

```
// 通过传递桶名、组织名、写入精度以及表名进行写入。
writeMeasurement(String bucket, String org, WritePrecision precision, M measurement)
// 通过传递精度、表名进行写入。
writeMeasurement(WritePrecision precision, M measurement)
// 通过传递桶名、组织名、写入精度、表集合进行写入。
writeMeasurements(String bucket, String org, WritePrecision precision, List<M> measurements)
// 通过传入写入精度、表集合进行写入。
writeMeasurements(WritePrecision precision, List<M> measurements)
```

函数中的各个参数含义如下。

- bucket：存储桶名，数据要插入哪一个存储桶中。
- org：组织名，指定插入的 measurement 所属的组织。
- precision：写入的精度。
- measurment：表名，表示要插入的数据。

2.writePoint()。

该方法提供了四种函数重载方式，包括：

```
// 通过传入 point 对象进行写入。
writePoint(Point point)
// 通过传入桶名、组织名、point 对象进行写入。
writePoint(String bucket, String org, Point point)
// 通过传入 point 集合列表进行写入。
writePoints(List<Point> points)
// 通过传入桶名、组织名、point 集合列表进行写入。
writePoints(String bucket, String org, List<Point> points)
```

函数中的各个参数的含义为：
- bucket、org 参数同上。
- point 参数的原理是通过调用 Point 类的方法为一条数据添加属性值，从而返回一个 point 对象。point 可以是单条数据，也可以是 List 集合数据。关于 Point 类的具体方法，读者可参考 https://influxdata.github.io/influxdb-client-java/influxdb-client-java/apidocs/com/influxdb/client/write/Point.html。

3.writeRecords()

该方法提供了四种函数重载方式，包括：

```
// 通过传入桶名、组织名、写入精度、行协议进行写入。
writeRecord(String bucket, String org, WritePrecision precision, String record)
// 通过传入写入精度、行协议进行写入。
writeRecord(WritePrecision precision, String record)
// 通过传入桶名、组织名、写入精度、行协议集合进行写入。
writeRecords(String bucket, String org, WritePrecision precision, List<String> records)
// 通过传入写入精度、行协议集合进行写入。
writeRecords(WritePrecision precision, List<String> records)
```

- bucket、org、percision 参数的含义不变。
- record 既可以单独一条插入，也可以作为 List 数组批量插入，表示插入 InfluxDB 的一条数据，例如：

```
temperature,location="south" value=60D
```

12.1.3　使用 Java 查询 InfluxDB 中的数据

使用 Java 对 InfluxDB 进行查询的操作与写入类似，同样声明 3 个变量：token、org、bucket。再调用 InfluxDBClientFactory 的 create() 方法创建 influxDBClient 实例对象，然后调用 influxDBClient 的 getQueryApi() 方法得到查询执行 API：

```
QueryApi queryApi = influxDBClient.getQueryApi();
```

创建好查询执行对象之后，准备查询语句，这里的查询语句与 InfluxDB 2.0 的 Flux 语句相同，含义是在 my-bucket 这个存储桶中查询出所有的数据：

```
String flux = "from(bucket:\"my-bucket\") |> range(start: 0)";
```

执行查询语句需要调用执行对象 queryApi 的 query() 方法：

```
List<FluxTable> tables = queryApi.query(flux);
```

遍历执行放回的结果，将数据打印到控制台，如代码清单 12-8 所示。

代码清单 12-8

```
List<FluxTable> tables = queryApi.query(flux);
for (FluxTable fluxTable : tables) {
    List<FluxRecord> records = fluxTable.getRecords();
    for (FluxRecord fluxRecord : records) {
            System.out.println(fluxRecord.getTime() + ": " + fluxRecord.getValueByKey("_value"));
    }
}
```

其中，queryApi.query() 的函数原型如下，在调用该方法后会返回一个 FluxTable 类型的 List 集合。

```
@Nonnull
List<FluxTable> query(@Nonnull String var1);
```

FluxTable 和 FluxRecord 都实现了 Serializable 接口，在 FluxTable 中有一个 getRecords() 方法，作用是返回 FluxRecord 类型的数据，函数原型如下：

```
private List<FluxRecord> records = new ArrayList();

@Nonnull
public List<FluxRecord> getRecords() {
    return this.records;
}
```

在执行完成之后，需要关闭 influxDBClient 对象，调用 close() 方法：

```
influxDBClient.close();
```

完整代码如代码清单 12-9 所示。

代码清单 12-9

```
package com.cisdi.test;

import com.influxdb.client.InfluxDBClient;
import com.influxdb.client.InfluxDBClientFactory;
import com.influxdb.client.QueryApi;
import com.influxdb.query.FluxRecord;
import com.influxdb.query.FluxTable;
import java.util.List;
public class TestInfluxDB {
        // 将 token 转换为字符串类型
     private static char[] token = "CIAoq0ikaS2jbX-3NgQ_OZnLt3iUs8jAauYSa5PUBaYlQID6WSLF8Cw2k-h2QrU3jN9C6Mdsf1gh0IYPXlD98w==".toCharArray();
// 组织名
     private static String org = "myOrg";
// 桶名
     private static String bucket = "my-bucket";
```

```java
    public static void main(final String[] args) {
// 获取 influxDBClient 对象
        InfluxDBClient influxDBClient = InfluxDBClientFactory.create("http://localhost:8086", token, org, bucket);
        // 创建 flux 语句
        String flux = "from(bucket:\"my-bucket\") |> range(start: 0)";
         // 获取执行查询的 API
        QueryApi queryApi = influxDBClient.getQueryApi();
        // 执行查询
        List<FluxTable> tables = queryApi.query(flux);
// 遍历结果
        for (FluxTable fluxTable : tables) {
            List<FluxRecord> records = fluxTable.getRecords();
            for (FluxRecord fluxRecord : records) {
                System.out.println(fluxRecord.getTime() + ": " + fluxRecord.getValueByKey("_value"));
            }
        }
        influxDBClient.close();
    }
}
```

运行成功之后，将查询返回的数据打印在控制台，如代码清单 12-10 所示。

代码清单 12-10

```
2022-02-28T06:50:58.897Z: 55.0
2022-02-28T09:13:30.435Z: 60.0
2022-02-28T09:13:48.652Z: 62.0
```

12.1.4 queryApi

在上文代码示例中，queryApi 作用于 InfluxDB 的查询操作，主要有两类方法。
- query()：对 InfluxDB 执行 Flux 查询，并将整个响应同步映射到 List 中。
- queryRaw()：对 InfluxDB 执行 Flux 查询，并将整个响应同步映射到字符串结果。

query、queryRaw 的主要重载函数如下所示。

```
// query()
query(Query query)
query(Query query, String org)
query(String query)
query(String query, String org)
// queryRaw()
queryRaw(String query)
queryRaw(String query, String org)
```

```
queryRaw(Query query)
queryRaw(Query query, String org)
```

- org 表示组织名，该参数用于确定是否指定组织。
- query 有两种参数类型，String 类型的 query 表示一条完整字符串类型的 flux 语句，Query 类型的 query 表示使用 Query 类封装好的 flux 语句。

12.1.5 使用 Java 为 bucket 添加权限

前面演示了在 Java 项目中如何对数据进行读写操作，接下来介绍如何通过 Java 代码创建 bucket 并添加权限。与写入查询操作相同，需要先创建一个 influxDBClient 实例对象，用于创建 bucket。

```
InfluxDBClient influxDBClient = InfluxDBClientFactory.create("http://localhost:8086", token);
```

接下来通过调用 influxDBClient.getBucketsApi().createBucket() 方法创建一个存储桶：

```
Bucket bucket = influxDBClient.getBucketsApi().createBucket("iot-bucket", retention, "12bdc4164c2e8141");
```

第一个参数是 Bucket 的名字，第二个参数是数据保留时间，第三个参数是组织名字。由于没有设置数据保留时间，接下来手动设置。通过 new 关键字得到一个 BucketRetentionRules 的实例对象 retention，然后调用 retention 的 setEverySeconds() 方法设置数据保留时间。

```
BucketRetentionRules retention = new BucketRetentionRules();
retention.setEverySeconds(3600);
```

在创建好一个 bucket 之后，通过代码的方式为其添加权限，首先要做的是为该 bucket 创建一个 token 令牌，代码如代码清单 12-11 所示。

代码清单 12-11

```
PermissionResource resource = new PermissionResource();
resource.setId(bucket.getId());
resource.setOrgID("12bdc4164c2e8141");
resource.setType(PermissionResource.TYPE_BUCKETS);
```

有了令牌之后，为该令牌设置读写权限，代码如代码清单 12-12 所示。

代码清单 12-12

```
// 添加读取权限
Permission read = new Permission();
read.setResource(resource);
read.setAction(Permission.ActionEnum.READ);
```

```java
// 添加写入权限
Permission write = new Permission();
write.setResource(resource);
write.setAction(Permission.ActionEnum.WRITE);

Authorization authorization = influxDBClient.getAuthorizationsApi()
                    .createAuthorization("12bdc4164c2e8141", Arrays.asList(read, write));
```

至此，一个包含读写权限的 token 就创建好了，接下来把这个令牌安装到创建好的 bucket 上，代码如下：

```java
String token = authorization.getToken();
System.out.println("Token: " + token);
```

完整代码如代码清单 12-13 所示。

代码清单 12-13

```java
package com.cisdi.test;

import com.influxdb.client.InfluxDBClient;
import com.influxdb.client.InfluxDBClientFactory;
import com.influxdb.client.domain.Authorization;
import com.influxdb.client.domain.Bucket;
import com.influxdb.client.domain.Permission;
import com.influxdb.client.domain.PermissionResource;
import com.influxdb.client.domain.BucketRetentionRules;

import java.util.Arrays;
public class InfluxDB2ManagementExample {
    // 将 token 转换为字符串类型
    private static char[] token = "my-token".toCharArray();

    public static void main(final String[] args) {
        // 获取 influxDBClient 对象
        InfluxDBClient influxDBClient = InfluxDBClientFactory.create("http://localhost:8086", token);

        // 创建保留策略
BucketRetentionRules retention = new BucketRetentionRules();
        retention.setEverySeconds(3600);
        // 创建存储桶
        Bucket bucket = influxDBClient.getBucketsApi().createBucket("iot-bucket", retention, "12bdc4164c2e8141");
        // 为创建的存储桶再创建一个令牌
        PermissionResource resource = new PermissionResource();
```

```
            resource.setId(bucket.getId());
            resource.setOrgID("12bdc4164c2e8141");
            resource.setType(PermissionResource.TYPE_BUCKETS);
             // 添加读取权限
            Permission read = new Permission();
            read.setResource(resource);
            read.setAction(Permission.ActionEnum.READ);
            // 添加写入权限
            Permission write = new Permission();
            write.setResource(resource);
            write.setAction(Permission.ActionEnum.WRITE);

                Authorization authorization = influxDBClient.
getAuthorizationsApi()
                    .createAuthorization("12bdc4164c2e8141", Arrays.
asList(read, write));

            String token = authorization.getToken();
            System.out.println("Token: " + token);
            // 关闭连接
            influxDBClient.close();
        }
    }
```

12.1.6 连接 InfluxDB 的另一种方式——用户名和密码

上文中，Java 连接 InfluxDB 都是基于 token 的，其实在 Spring Boot 项目中，还可以通过 url、用户名和密码的方式进行连接。接下来通过一个 Java 实例进行演示。首先引入 InfluxDB 依赖，如代码清单 12-14 所示。

代码清单 12-14

```
<dependency>
        <groupId>org.influxdb</groupId>
        <artifactId>influxdb-java</artifactId>
        <version>2.22</version>
</dependency>
```

在使用该方式连接 InfluxDB 时，需要在 src/main/resource 下的 yml 文件中配置以下几个参数。

- username：数据库用户名。
- password：数据库访问密码。
- url：链接地址，启动 InfluxDB 后，默认是 http://localhost:8086。

配置完成后如代码清单 12-15 所示。

代码清单 12-15

```yaml
spring:
  influx:
    url: http://localhost:8086
    user: root
    password: 123456
```

之后创建一个配置类，用于读取配置文件中的参数，如代码清单 12-16 所示。

代码清单 12-16

```java
@Configuration
public class InfluxDbConfig {

    @Value("${spring.influx.url:''}")
    private String influxDBUrl;

    @Value("${spring.influx.user:''}")
    private String userName;

    @Value("${spring.influx.password:''}")
    private String password;

    // 数据保留策略
    public static String retentionPolicy = "autogen";

    @Bean
    public InfluxDB influxDB(){
// 获取数据库连接
        InfluxDB influxDB = InfluxDBFactory.connect(influxDBUrl, userName, password);
        try {
            influxDB.setDatabase("my-bucket")
                    .enableBatch(100,1000, TimeUnit.MILLISECONDS);
        } catch (Exception e) {
            e.printStackTrace();
        } finally {
// 添加保留策略
            influxDB.setRetentionPolicy(retentionPolicy);
        }
// 日志等级
        influxDB.setLogLevel(InfluxDB.LogLevel.BASIC);
        return influxDB;
    }
}
```

在上面的代码中，创建了一个 Bean，作用是读取配置文件的连接参数后连接到

InfluxDB 数据库，并返回一个 InfluxDB 实例，可以通过该实例对数据库进行操作。接下来，向数据库中插入一个 measurement 来验证连接是否成功，如代码清单 12-17 所示。

代码清单 12-17

```
@RestController
@RequestMapping("/test")
public class TestConnection {

  @Autowired
   private InfluxDB influxDB;

  @GetMapping("/test1")
   public void test1() {
        System.out.println("--- 开始插入数据 ---");
        influxDB.write(Point.measurement("my-db")
                .time(System.currentTimeMillis(), TimeUnit.MILLISECONDS)
                .tag("location", "hello")
                .addField("value", 11)
                .build());
    }
}
```

之后在浏览器访问 localhost:8080/test/test1，此时数据已经插入成功，在数据库通过命令查看，如代码清单 12-18 所示。

代码清单 12-18

```
> select * from my-db
name: my-db
time                       location       value
----                       --------       ---------
2022-03-3T09:50:58.897Z    hello          11
```

12.2 Python SDK 使用

与 Java 不同，Python 引入 InfluxDB 的方式需要安装 InfluxDB-python，在执行安装前，须确认是否安装了 pip。pip 是 Python 的包管理工具，该工具提供了对 Python 包的查找、下载、安装、卸载的功能。如果下载的是最新版本的 Python 安装包，则已经自带了 pip 工具。如果不确定是否安装了 pip，可以通过以下命令来判断：

```
pip --version        # Python2.x 版本命令
pip3 --version       # Python3.x 版本命令
```

如果没有安装 pip，可以通过以下命令安装：

```
$ curl https://bootstrap.pypa.io/get-pip.py -o get-pip.py    # 下载安装
脚本
$ sudo python get-pip.py    # 运行安装脚本
```

pip 安装好之后，就可以执行 InfluxDB-python 的安装命令。安装完成之后，就可以在项目中使用 InfluxDB 功能：

```
pip install InfluxDB
```

本节从 InfluxDB 在 Python 中的写入和查询操作出发，演示具体使用过程。

12.2.1　使用 Python 在 InfluxDB 中写入数据

要写入数据，就要先连接到 InfluxDB 数据库，因此要创建一个 InfluxDBClient 对象，可以使用以下方式进行创建。

```
import influxdb_client
from influxdb import InfluxDBClient

client=InfluxDBClient(url="http://localhost:8086",token="CIAoq0ikaS2jbX-3NgQ_OZnLt3iUs8jAauYSa5PUBaYlQID6WSLF8Cw2k-h2QrU3jN9C6Mdsf1gh0IYPXlD98w==", org="myOrg")
```

InfluxDBClient() 里面的参数含义如下。
- url：链接地址。即 InfluxDB 服务端口，默认是 8086。
- token：创建的令牌，通过在请求中加入 token 来实现认证和权限操作。
- org：组织名。指定数据写入哪一个组织中。

这里的 token 是手动在 UI 界面进行创建的，可以直接复制粘贴到代码中。同时需要一个存储桶存储数据，这里沿用第一小节创建的桶 my-bucket。连接到 InfluxDB 后，就可以进行写入操作了，写入数据需要一个写入执行对象 write_api，通过调用 client 的 write_api() 方法返回一个写入执行对象：

```
write_api=client.write_api(write_options=SYNCHRONOUS)
```

有了 API 执行对象，就可以把数据写入 InfluxDB 中去。接下来创建一条数据，通过 InfluxDB 提供的 Point() 函数创建一条数据，并为其添加上表名、tag、字段：

```
P=Point("my_measurement").tag("localtion","Prague").field("temperature",25.3)
```

之后通过调用写入 API 的 write() 方法将数据写入：

```
write_api.write(bucket=bucket,record=P)
```

wirte() 方法的两个参数含义如下。
- bucket：桶名。表示要将数据写入哪一个存储桶。
- recoed：要写入的数据。

完整代码如代码清单 12-19 所示。

代码清单 12-19

```
import influxdb_client
from influxdb_client import InfluxDBClient,Point
from influxdb_client.client.write_api import SYNCHRONOUS

bucket="my-bucket"
// 连接 InfluxDB
client=InfluxDBClient(url="http://localhost:8086",token="CIAoq0ikaS2jbX-3NgQ_OZnLt3iUs8jAauYSa5PUBaYlQID6WSLF8Cw2k-h2QrU3jN9C6Mdsf1gh0IYPXlD98w==", org="myOrg")

write_api=client.write_api(write_options=SYNCHRONOUS)

P=Point("my_measurement").tag("localtion","Prague").field("temperature",25.3)

write_api.write(bucket=bucket,record=P)
```

运行结束之后，在数据库中执行查询命名查看数据已经写入成功，如代码清单 12-20 所示。

代码清单 12-20

```
> select * from my_measurement
name: my_measurement
time                      value       location
----                      --------    ---------
2022-03-01T15:43:58.897Z  25.3        Prague
```

12.2.2 使用 Python 查询 InfluxDB 中的数据

InfluxDB 在 Python 中的查询和写入很相似，通过调用 client 的 query_api() 方法得到查询执行对象：

```
query_api = client.query_api()
```

接下来调用 API 执行对象的 query() 方法，执行查询语句。查询语句与 InfluxDB2.0 的 flux 语言相同：

```
tables = query_api.query('from(bucket:"my-bucket") |> range(start: -10m)')
```

将返回后的结果集 tables 打印在控制台：

```
for table in tables:
    print(table)
```

```
    for row in table.records:
        print (row.values)
```

完整代码如代码清单 12-21 所示。

代码清单 12-21

```
import influxdb_client
from influxdb_client import InfluxDBClient,Point
from influxdb_client.client.write_api import SYNCHRONOUS

bucket="my-bucket"
// 连接 InfluxDB 数据库
client=InfluxDBClient(url="http://localhost:8086",token="CIAoq0ikaS2jbX-
3NgQ_OZnLt3iUs8jAauYSa5PUBaYlQID6WSLF8Cw2k-h2QrU3jN9C6Mdsf1gh0IYPXlD9
8w==", org="myOrg")
// 获取查询对象
query_api = client.query_api()
// 执行查询
tables = query_api.query('from(bucket:"my-bucket") |> range(start: 1)')
// 遍历结果
for table in tables:
    print(table)
    for row in table.records:
        print (row.values)
```

12.3 小结

本章主要讲解了如何将 InfluxDB 运用到实际项目开发中，在 Spring Boot 项目中，可以通过添加依赖的方式进行引入 InfluxDB。要连接到 InfluxDB 数据库，可以通过 token 的方式，也可以在 Spring Boot 配置文件中配置 url、用户名和密码。在 Python 项目中，可以通过 pip 包安装管理工具安装 InfluxDB 所需要的依赖获取 InfluxDB 的功能，从而进行读写等一系列操作。通过本章的学习，大家应该能够灵活将 InfluxDB 运用到实战项目中。

第 13 章
InfluxDB 数据处理语言 Flux

Flux 是一种开源函数式数据脚本语言，专为查询、分析和处理数据而设计，Flux 将用于查询、处理、写入和操作数据的代码统一到一个语法中。做到了可用、可读、灵活、可组合和可共享的特性，本章从介绍 Flux 的基本语法开始，再过渡到 Flux 在 InfluxDB 中的使用，通过本章的学习，将了解到：

- Flux 语法基础及支持的数据类型。
- Flux 在 InfluxDB 中的写入及查询。

13.1 Flux 概述

Flux 是一种功能性数据脚本语言,旨在将查询、处理、分析和对数据的操作统一到单一语法中,它支持多种数据源类型,包括时间序列数据库(例如 InfluxDB)、关系型 SQL 数据库(例如 MySQL)以及 CSV,本章只介绍 Flux 在 InfluxDB 中的使用。如果大家希望在 MySQL 中使用 Flux,请参考 https://docs.influxdata.com/flux/v0.x/query-data/sql/mysql/。

Flux 在概念上的工作原理,可以类比于净化水的处理过程:水从一个受需求限制的水源抽取,通过一系列站点进行管道改造(去除沉积物、净化等),并以消耗状态输送。与处理水的过程一样,Flux 查询执行以下操作:首先从源中检索指定数量的数据,根据时间或列值过滤数据,然后将数据处理和塑造成预期的结果,最后将结果返回。代码清单 13-1 中给出了一个简单的 Flux 检索数据的语句。

代码清单 13-1

```
from(bucket: "example-bucket")
    |> range(start: -1d)
    |> filter(fn: (r) => r._measurement == "example-measurement")
    |> mean()
    |> yield(name: "_results")
```

其中各参数含义如下。
- from():从某个数据源检索数据。
- |>:管道转发运算符,作用是将每个函数的输出作为输入发送到下一个函数。
- range()、filter():根据列值过滤数据。
- mean():计算从数据源返回的值的平均值。

在了解一条 Flux 语句的基本格式之后,接下来就正式开始 Flux 语言的学习。

13.2 基本数据类型

要学习 Flux 语言,需要先了解其语法基础,本结将介绍 Flux 的基本数据类型。Flux 的基本数据类型包括 Boolean、Bytes、Duration、String、Time、Float、Integer、Null。下面对这些基本数据类型的使用进行简单的介绍。关于这些基本类型的具体使用以及扩展,读者可参考 https://docs.influxdata.com/flux/v0.x/data-types/basic/。

13.2.1 Boolean（布尔值）

Boolean 类型表示真值（true 或 false），有两个函数：boolean() 和 toBool()。前者将字符串如 Float、Int 等数据类型转换为布尔值；后者将数据表中列转换为布尔值。例如给定代码清单 13-2 所示的数据。

代码清单 13-2

```
_time                    _value (float)
2021-01-01T00:00:00Z     1.0
2021-01-01T02:00:00Z     0.0
2021-01-01T03:00:00Z     0.0
2021-01-01T04:00:00Z     1.0
```

通过执行 toBool()，返回结果如代码清单 13-3 所示。

代码清单 13-3

```
_time                    _value (bool)
2021-01-01T00:00:00Z        true
2021-01-01T02:00:00Z        false
2021-01-01T03:00:00Z        false
2021-01-01T04:00:00Z        true
```

13.2.2 Bytes（字节）

Flux 不提供 Bytes 的语法。可以使用 bytes() 函数将字符串转换为字节，需要注意的是，只有字符串类型可以转换为字节，如代码清单 13-4 所示。

代码清单 13-4

```
bytes(v: "hello")
```

Flux 为 Bytes 提供了两种函数将字符串转换为字节，分别是 bytes()、hex.bytes()。前者将字符串转换为字节，后者解码十六进制值并将其转换为字节，如代码清单 13-5 所示。

代码清单 13-5

```
import "contrib/bonitoo-io/hex"

hex.bytes(v: "FF5733")     // 返回 [255 87 51] (bytes)
```

13.2.3 Duration（持续时间）

Duration 类型表示具有纳秒精度的时间长度，支持的时间单位见表 13-1。

表 13-1　Duration 支持的时间单位

单位	含义
ns	纳秒
us	微秒
ms	毫秒
s	秒
m	分
h	小时
d	日
w	星期
mo	月
y	年

Flux 为 Duration 提供了 duration() 函数用于将以下基本类型转换为持续时间。

- String：解析为持续时间字符串并转换为持续时间。
- Int：解析为纳秒并转换为持续时间。
- Uint：解析为纳秒并转换为持续时间。

示例如代码清单 13-6 所示。

代码清单 13-6

```
duration(v: "1h30m")   // 返回 1h30m

duration(v: 1000000)   // 返回 1ms

duration(v: uint(v: 3000000000))   // 返回 3s
```

13.2.4　String（字符串类型）

Flux 为 String 提供了 string() 函数用于将其他基本类型转换为字符串，如代码清单 13-7 所示。

代码清单 13-7

```
string(v: 42)    // 返回 "42"
```

13.2.5　Time（时间类型）

时间文字由 RFC3339 时间戳表示：

```
YYYY-MM-DD
YYYY-MM-DDT00:00:00Z
YYYY-MM-DDT00:00:00.000Z
```

Flux 为 Time 类型提供了 time() 函数用于将以下基本类型转换为时间类型。

- String：解析为 RFC3339 时间戳并转换为时间值。
- Int：解析为 Unix 纳秒时间戳并转换为时间值。
- Uint：解析为 Unix 纳秒时间戳并转换为时间值。

示例如代码清单 13-8 所示。

代码清单 13-8

```
ime(v: "2021-01-01")    // 返回 2021-01-01T00:00:00.000000000Z

time(v: 1609459200000000000)    // 返回 2021-01-01T00:00:00.000000000Z

time(v: uint(v: 1609459200000000000))    // 返回 2021-01-01T00:00:00.000000000Z
```

13.2.6 Float（浮点类型）

Float 类型表示 64 位浮点数，其语法包含一个十进制整数、一个小数点和一个小数部分，如代码清单 13-9 所示。

代码清单 13-9

```
0.0
123.4
-123.456
```

Flux 为 Float 提供了 float() 函数将科学记数法字符串转换为浮点类型，如代码清单 13-10 所示。

代码清单 13-10

```
1.23456e+78    // 错误：error @1:8-1:9: undefined identifier e

float(v: "1.23456e+78")    // 返回 1.23456e+78 (float)
```

13.2.7 Integer（整数类型）

Integer 类型表示带符号的 64 位整数，其最小值为 -9223372036854775808，最大值为 9223372036854775807。Flux 为 Integer 提供了 int() 函数将以下基本类型转换为整数。

- String[0-9]：返回与数字字符串等效的整数。
- Bool：返回 1fortrue 或 0forfalse。
- Duration：返回持续时间的纳秒数。
- Time：返回等效的纳秒纪元时间戳。
- Float：截断小数点的浮点值。
- Uint：返回等效于无符号整数的整数。

示例如代码清单 13-11 所示。

代码清单 13-11
```
int(v: "123")    // 123

int(v: true)    // 返回 1

int(v: 1d3h24m)    // 返回 98640000000000

int(v: 2021-01-01T00:00:00Z)    // 返回 1609459200000000000

int(v: 12.54)    // 返回 12
```

13.2.8 Null（空值）

Null 类型表示缺失值或未知值，它存在于其他基本类型的列中，但没有语法来表示空值。例如（""）并不是空值，而是一个空字符串。在迭代行的函数 [例如 filter() 或 map()] 中，可以使用 exists 逻辑运算符检查列值是否为 null，例如过滤掉具有空值的行，如代码清单 13-12 所示。

代码清单 13-12
```
data
    |> filter(fn: (r) => exists r.value)
```

13.3 查询数据源

Flux 作为查询语言，其最大的作用就是从数据库中查询数据，本节就将介绍如何使用 Flux 从数据库中返回数据。从 InfluxDB 查询数据，可以使用 from() 函数和 range() 函数，两个函数的含义如下。

- from(): 默认参数为 bucket 或 bucketID，表示要查询的 InfluxDB 存储桶名称或存储桶 ID。
- range(): 根据时间限制过滤数据。

需要注意的是，由于 InfluxDB 要求查询是有时间限制的，所以 range() 必须始终跟在 from() 后面，如代码清单 13-13 所示。

代码清单 13-13
```
from(bucket: "example-bucket")
    |> range(start: -1h)
```

13.3.1 from() 函数

from() 函数从 InfluxDB 数据源检索数据。它从指定的存储桶返回一个表流。每个独立的 Series 都包含在自己的表中。表中的每条记录代表系列中的一个 point。

from() 函数共有四个参数，如代码清单 13-14 所示。

代码清单 13-14

```
from(
    bucket: "example-bucket",
    host: "https://example.com",
    org: "example-org",
    token: "MySuP3rSecr3Tt0k3n",
)
```

其中，bucket 表示存储桶名称；host 表示数据库链接地址；org 表示组织名；token 表示操作数据库所需要的权限令牌。

需要注意的是，使用 from() 函数不用导包，因为它是 influxdata/influxdb 包的一部分。

13.3.2 range() 函数

range() 函数的作用是根据时间限制过滤数据，有两个重要参数：start；stop，用于指定过滤数据的时间限制，一条 range() 语句的示例如代码清单 13-15 所示。

代码清单 13-15

```
range(start:-15m, stop: now())
```

该语句的含义是统计前 15 分钟到系统当前时间的数据。

例如：

（1）要统计前 12 个小时到现在系统时间这个范围内的数据，如代码清单 13-16 所示。

代码清单 13-16

```
from(bucket: "example-bucket")
    |> range(start: -12h)
    // ...
```

（2）要统计前 12 个小时到前 15 分钟时间范围内的数据，如代码清单 13-17 所示。

代码清单 13-17

```
from(bucket: "example-bucket")
    |> range(start: -12h, stop: -15m)
    // ...
```

（3）要统计某个时间点到某个时间点的绝对范围内的数据，如代码清单 13-18 所示。

代码清单 13-18

```
from(bucket: "example-bucket")
    |> range(start: 2018-05-22T23:30:00Z, stop: 2018-05-23T00:00:00Z)
    // ...
```

13.3.3　查询 InfluxDB 1.x

要查询 InfluxDB 1.x 的数据，可以使用 database-name/retention-policy-name 存储桶名称的命名约定。例如，从数据库中的 autogen 保留策略中查询数据，如代码清单 13-19 所示。

代码清单 13-19

```
from(bucket: "telegraf/autogen")
    |> range(start: -30m)
```

要查询数据库中的默认保留策略，需要使用相同的存储桶命名约定，但不需要提供保留策略，如代码清单 13-20 所示。

代码清单 13-20

```
from(bucket: "telegraf/")
    |> range(start: -30m)
```

13.3.4　远程查询 InfluxDB Cloud 或 InfluxDB 2.x

要远程查询 InfluxDB Cloud 或 InfluxDB 2.x，除了 bucket 或 bucketID 之外，还需要提供以下参数。
- host：InfluxDB 云区域 URL 或 InfluxDB URL。
- org 或 orgID：InfluxDB 组织名称或组织 ID。
- token：API 令牌。

示例如代码清单 13-21 所示。

代码清单 13-21

```
from(
    bucket: "example-bucket",
    host: "https://us-west-2-1.aws.cloud2.influxdata.com",
    org: "example-org",
    token: "mYSup3r5Ecr3T70keN",
)
```

13.4 写入数据源

要使用 Flux 将数据写入 InfluxDB，可以使用 to() 函数或 experimental.to() 函数。两个函数的参数如下。

- bucket 或 bucketID：要写入的 InfluxDB 存储桶名称或存储桶 ID。
- org 或 orgID：要写入的 InfluxDB 组织名称或组织 ID。
- host：InfluxDB URL 或 InfluxDB 云区域 URL。
- token：InfluxDB API 令牌。

假若给定如代码清单 13-22 所示的输入流。

代码清单 13-22

```
_time                    _measurement       id       loc      _field_value

2021-01-01T00:00:00Zm      001              SF       temp     72.1
2021-01-01T01:00:00Zm      001              SF       temp     71.8
2021-01-01T02:00:00Zm      001              SF       temp     71.2


_time                    _measurement       id       loc      _field_value
2021-01-01T00:00:00Zm      001              SF       hum      40.5
2021-01-01T01:00:00Zm      001              SF       hum      50.1
2021-01-01T02:00:00Zm      001              SF       hum      52.8
```

使用 to() 函数生成如代码清单 13-23 所示的线路协议，并将其写入 InfluxDB。

代码清单 13-23

```
m,id=001,loc=SF temp=72.1,hum=40.5 1609459200000000000
m,id=001,loc=SF temp=71.8,hum=50.1 1609462800000000000
m,id=001,loc=SF temp=71.2,hum=52.8 1609466400000000000
```

在同一个组织中，数据写入存储桶如代码清单 13-24 所示。

代码清单 13-24

```
data
    |> to(bucket: "example-bucket")
```

在不同组织中，数据写入存储桶如代码清单 13-25 所示。

代码清单 13-25

```
data
    |> to(bucket: "example-bucket", org: "example-org", token: "mY5uPeRs3Cre7tok3N")
```

在远程主机上，数据写入存储桶。如代码清单 13-26 所示。

代码清单 13-26

```
data
    |> to(
        bucket: "example-bucket",
        org: "example-org",
        token: "mY5uPeRs3Cre7tok3N",
        host: "https://myinfluxdbdomain.com/8086",
    )
```

13.5 小结

本章主要介绍了 Flux 语言的基本语法及简单使用，可以发现，Flux 语法与其他程序语言是较为相近的，如果读者有其他开发语言的使用经验，那么对于 Flux 的把握应该也是比较轻松的。在 Flux 的使用过程中，需要注意数据的格式类型及相互转换，以及各个函数的使用。关于 Flux 的详细介绍及使用，读者可参考官网文档进行学习（官网文档地址：https://docs.influxdata.com/flux/v0.x/）。

第 14 章
InfluxDB 存储引擎

InfluxDB 强大的读写性能离不开其自研的 TSM-Tree 存储引擎，本章主要讲解 InfluxDB 存储引擎 TSM-Tree 原理。首先要知道的是，TSM 是基于 LSM-Tree 进行优化而来的，本章先从 LSM-Tree 出发，介绍其基本原理，再过渡到 InfluxDB 现用的 TSM-Tree 存储引擎，接着介绍 TSM file 文件格式和数据写入流程。通过本章的学习，将了解到：

- LSM-Tree 存储原理。
- TSM file 原理。
- TSM-Tree 存储引擎原理。

14.1 InfluxDB 存储引擎历史

InfluxDB 发展至今，其存储引擎的设计经历了 3 次演变，由最开始的 LSM-Tree (levelDB) 发展成 mmap B+Tree(B+ 树)，到最终应用基于 LSM-Tree 的 TSM-Tree。数据库常见的业务场景分为两类：一类是写少读多，例如 MySQL 等存储系统，其底层大都采用 B-Tree 及其变种；另一类则是写多读少，例如 InfluxDB 等时序数据库。

InfluxDB 作为时序数据库，最开始就是采用 LSM-Tree 存储引擎。LSM-Tree 的核心思想是充分利用磁盘的顺序写性能远高于随机写这一特性，将批量的随机写转化为一次性的顺序写。但 InfluxDB 在使用过程中，遇到了以下问题：

- 不能热备份，必须停机备份。
- 由于 LSM-Tree 的删除操作代价较高，导致过期数据删除效率不好。

为了解决这两个问题，InfluxDB 的做法是将数据分为多个 Shard 分区，每个 Shard 作为一个 LevelDB 数据库存储，当数据过期时，就删除该 Shard。但由于数据越来越多，InfluxDB 创建了越来越多的 LevelDB，产生了大量的 SSTable 压缩文件，占用了大量的文件句柄，就会导致句柄过大而报错。

于是 InfluxDB 又改用了 mmap B+Tree 的方式，将每个数据库存储为 1 个文件，这样有效解决了 LevelDB 文件句柄过多的问题。在取得了较好的读性能之后，写性能又慢慢出现了问题：

- 写入数据时，如果 Key 值不合理，就容易变成随机写。
- 更新索引数据时，因为没有人为地排序字段，容易随机写，降低性能。

后来，InfluxDB 决定回到 LSM-Tree，并基于 LSM-Tree 进行优化，开发了 InfluxDB 独有的 TSM-Tree 存储引擎。实际上，TSM-Tree 的本质还是 LSM-Tree，只是对数据查问、数据合并压缩、数据删除做了优化。针对数据查问，InfluxDB 减少了数据索引和布隆过滤器以降低查问速度；针对数据合并压缩，采用了依据不同的数据类型，采取不同压缩算法的方式；针对数据删除，InfluxDB 使用 Shard 存储一段数据，当数据删除时，同时删除 Shard。

14.2 LSM-Tree（LSM 树）概述

目前 InfluxDB 存储引擎采用的 TSM-Tree 模型是基于 LSM-Tree 改进而来的，所以要学习 InfluxDB 的存储引擎，必须先要了解 LSM-Tree 存储模型的原理，在这一小节中需要明确两个问题，LSM-Tree 用来解决什么问题？是如何解决的？

LSM-Tree(Log Structured Merge Tree) 又称为日志结构合并树，是一种分层有序面向磁盘的数据结构。其核心思想是将大量的随机写转换为顺序写，这是通过先在内存中缓存数据，当缓存到一定大小的时候，批量顺序地将数据写入磁盘来实现的，以此来提高数据库的写入性能。如图 14-1 所示，针对磁盘的不同写入方式有着巨大的差距。

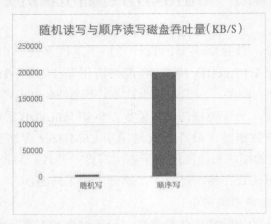

图 14-1　随机写与顺序写磁盘吞吐量对比

用一句话来解释 LSM-Tree 的作用，即 LSM-Tree 是为了解决写多读少的特定场景而提出的解决方案。所谓的特定场景，比较典型的有日志系统、海量数据存储、数据分析等。以日志系统来说，每天系统线上服务产生的日志，都需要存储到某个地方，方便进行分析、统计等。而所谓的写多读少则是针对同一个系统来说的，在同一个系统中，写的次数要远大于读的次数。接下来介绍 LSM-Tree 是如何进行存储操作的。

14.2.1　LSM-Tree 存储原理

常规的数据传输流程主要分为 3 个阶段，如图 14-2 所示，用户先将数据写入内存中，最后落到磁盘。内存的随机 I/O 速率是很快的，而磁盘的随机 I/O 速率却很慢，图 14-1 也说明了这一点，所以关键就在于如何将内存中的数据快速落到磁盘中，LSM-Tree 的理念就是利用磁盘的顺序 I/O 来完成高效写入。

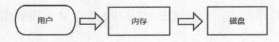

图 14-2　常规数据传输流程

典型的做法是追加写磁盘，所以可以简单地将用户的所有的写操作（例如增删改）都采用追加写方式记录在磁盘中，类似于写日志的方式。以图 14-3 进行说明，API 是提供给用户进行读写操作的接口，用户通过这些接口将数据写入内存，假设内存通过最简单的方式透传（只负责数据的传输，而不对数据进行加工操作）到磁盘中，可以看到，第一条数据通过 add 方式添加到了磁盘中，第二条数据也是同样的操作，而第三条数据则是将 (k1，v1) 更新成了 (k1，v1')，第四条数据将 (k1，v1') 更新成 (k1，v1")，第五条数据则是将 (k1，v1') 进行了删除操作。删除操作完成后，内存中就只剩下 (k2，v2 add) 这条数据。

这样操作的优点是充分利用了顺序 I/O，写的性能得到了提高，但存在一个弊端，即一条数据占据了多份空间，造成了空间的放大和浪费。例如图中 (k1, v1) 虽然被删掉了，但它仍然占用了四份空间。为解决这个问题，最直观的方式就是将这一部分数据进行删除，具体做法是在后台开启一个定时任务，定时合并压缩数据，消除无效数据。

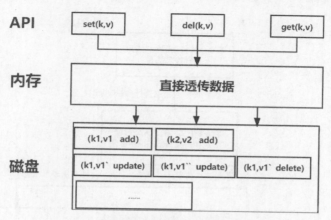

图 14-3　磁盘追加写流程

接下来讲一下合并压缩的细节，当只有单个文件的时候该如何进行压缩呢？那就是将图 14-3 中数据全部读到内存中去，然后只保留最新的一条数据，而且如果一条数据被删除了，那它之前的数据都是无效的。但这样又存在两个弊端：

- 当对单个文件进行压缩的过程中，又有数据写入进来，那么压缩的过程就明显会阻塞掉写入的过程。
- 需要读取整个文件内容然后进行合并，效率比较低下。

因此针对单个文件压缩是不可行的，改进后的解决思路是采用多个小文件 (MemTable) 分段存储，每个小文件写满之后就开一个新的文件来写，如图 14-4 所示。

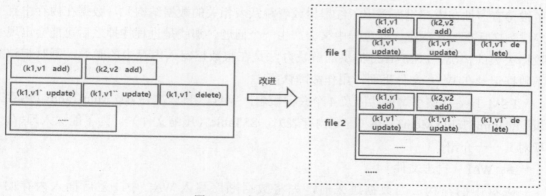

图 14-4　大文件压缩优化方案

小文件分段存储面临两个问题：

- 多个 MemTable 该由什么方式划分。
- 写满之后的多个 MemTable 怎么合并数据。

对第一个问题，采用的是按照文件大小来分类，每个 MemTable 固定大小，当写满之后，就开启下一个 MemTable 继续写。对第二个问题，首先将所有的小文件读到内存里，保留最新的数据，然后写入一个新的临时文件中去。但是将所有的小文件读取到内存中进行遍历合并的时候，由于数据都是杂乱存储的，所以合并效率很低。解决的思路如图 14-5 所示。

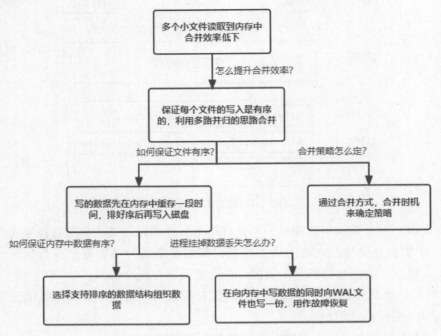

图 14-5　提升合并效率的思路

图 14-5 中显示，提升合并效率的方式是保证每个文件写入的有序性，再利用多路并归的思路进行合并。要保证数据有序性，就是先将数据写入内存的 MemTable 中（为了维持有序性在内存里面采用了红黑树或者跳跃表相关的数据结构），数据在内存中有序排列之后再写入磁盘。此过程中又会产生一个问题，那就是进程挂掉之后可能会出现数据丢失的情况，LSM-Tree 提供的解决办法是在将数据写入内存中的时候，同时把该条数据记录在 WAL 文件里面，用作故障恢复。

LSM-Tree 存储引擎中共涉及 4 个关键概念：WAL（日志文件）、MemTable（内存表）、ImmuTable MemTable（固定内存表）、SSTable（压缩文件）。为了能深入理解，现对其一一介绍。

- WAL（日志文件）。

磁盘中的结构，当数据进来时，先将数据顺序写入 WAL 中，之后插入内存的 MemTalbe 中。这样做的目的是保证数据持久化，不会丢失数据，而且由于是顺序写，速度很快，当内存挂断的时候，可以通过 WAL 文件重新恢复数据。

- MemTable（内存表）。

对应的就是 WAL 文件，是 WAL 文件数据在内存中的存储结构，通常是用 SkipList

来实现的。当一个 MemTable 写满之后，就冻结成为 ImmuTable MemTable，新来的数据会被写入新的 MemTable。MemTable 提供了 k-v 数据的写入、删除以及读取的操作接口。其内部将 k-v 对按照 key 值有序存储，这样方便之后快速序列化到 SSTable 文件中，仍然保持数据的有序性。

- ImmuTable MemTable（固定内存表）。

顾名思义，就是不可变的 MemTable，只能用来读取而不能用来写入或者删除。由于内存是有限的，所以通常会为 MemTable 设置一个阈值，当写入的数据大于这个阈值的时候，MemTable 就会自动转换成 ImmuTable MemTable。系统此时也会新开一个 MemTable 供写操作继续写入。

- SSTable（压缩文件）。

SSTable 就是 MemTable 中的数据在磁盘上的有序存储，其内部数据是根据 key 从小到大排列的，如图 14-6 所示。

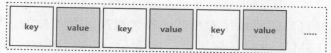

图 14-6　SSTable 存储格式

SSTable 通常采用分级的结构，当 MemTable 中的数据达到阈值后系统就会在磁盘的 Level 0 层创建一个新的 SSTable（如图 14-6）。当某个 Level 下的文件数超过一定值后，就会将这个 Level 下的一个 SSTable 文件和更高一级的 SSTable 文件合并，由于 SSTable 中的 k-v 数据都是有序的，相当于是一个多路归并排序，所以合并操作相当快速，最终生成一个新的 SSTable 文件，将旧的文件删除，这样就完成了一次合并过程。

最后总结一下 LSM-Tree 是如何存储数据的，如图 14-7 所示。

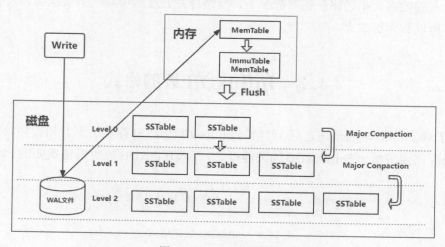

图 14-7　LSM 存储流程

（1）当收到一个写入请求时，先把该数据写入 WAL 日志文件中，用于当进程挂掉时，内存中的数据会丢失，这时候可以通过 WAL 重新读出数据，然后在合适的时候写入磁盘。

（2）数据写入 WAL 中后，又把该数据写入内存中的 MemTable 里面进行缓存排序。

（3）当 MemTable 超过一定的大小后，会在内存里面冻结变成一个 ImmuTable MemTable，同时为了不阻塞写操作会新生成一个 MemTable 继续提供服务。

（4）接着把内存里面的 ImmuTable MemTable 转存到硬盘上的 SSTable 层中，此步骤也称为 Major Compaction，需要注意的是，在 Level 0 层的 SSTable 是没有进行合并的，所以这里的 key 在多个 SSTable 中可能会出现重叠，在层数大于 0 层之后的 SSTable，就不会存在重叠 key 了。

（5）当每层的磁盘上的 SSTable 的体积超过一定的大小，也会周期地进行合并。这个阶段会真正地清除掉被标记删除掉的数据以及多版本数据的合并，避免浪费空间。

14.2.2 优势和问题

LSM-Tree 将随机写转化成了顺序写，极大提高了写的性能。所以目前很多的数据库都采用了 LSM-Tree 的存储引擎，包括 LevelDB、HBase、Google BigTable、Cassandra 等。但这样的设计也造成了 3 个问题。

- 读放大：读操作需要在磁盘中从新值到旧值依次读取，在此过程中可能会涉及多次 I/O，特别是范围查询的时候，会出现很明显的影响。
- 空间放大：在 LSM 中，所有的写都是通过 Append 方式进行记录的，因此导致所有的过期数据或者删除的数据都不会立刻被清理掉，仍然会占用空间。
- 写放大：在上述过程中，为了减少读放大和空间放大。通常采用后台合并数据的方式来解决。但该过程也引入了写放大，实际写入磁盘的大小和程序要求写入的数据大小之比。正常情况下，压缩合并的过程中对一条数据会涉及多次写，所以称为写放大。

14.3 InfluxDB 数据格式

在了解了 LSM 树的原理之后，再学习 InfluxDB 的 TSM 存储引擎就相较轻松一些了，在这之前，需要了解一些 InfluxDB 的关键概念，存入 InfluxDB 的数据格式如图 14-8 所示。

```
cpu_usage,host=server08,region=us-west value=0.64 1434055562000000000
```

图 14-8　InfluxDB 数据格式

它包含了如下几个部分。

- measurement：测试指标名，例如图 14-8 中的 cpu_usage。

- tag sets：在 InfluxDB 中，tags 是按字典顺序排列的，不管是 tagk 还是 tagv，只要不一致就分别属于两个 key，例如 host=server01，region=us-west 和 host=server02，region=us-west 就是两个不同的 tag set。
- filed name：字段名，例如图 14-8 中的 value。在 InfluxDB 中，一条数据支持插入多个 field。
- timestamp：时间戳，每一条数据都带有一个独立的时间戳。
- databses：数据库名，InfluxDB 可以创建多个数据库，并且都是独立分开的，不同的数据库文件存放在磁盘的不同位置。
- retention policy：保留策略，用于确定数据保留时长，在数据库创建好之后，其内部会创建一条名为 autogen 的保留策略，保留时间是永久。一个数据库可以创建多条保留策略，插入数据时需要为其指定保留策略，如果没有指定，系统会为其自动分配 autogen 这条保留策略。

需要注意的是，database 和 retention policy 并没有在数据中出现。因为其通常是在插入数据的时候指定。

14.4　TSM存储组件

在了解了 InfluxDB 的数据格式之后，接下来介绍 TSM 的存储组件，新的 InfluxDB 的存储引擎与 LSM-Tree 很相似。它同样具有 WAL 文件和一组只读数据文件，它们在概念上与 LSM-Tree 中的 SSTables 类似。TSM 文件包含排序、压缩的 series 数据。

InfluxDB 为每个时间段创建了一个分片，即 Shard，不同时间段的数据会落到不同的 Shard 中，例如 7：00~7：59 的数据存在 Shard1 上，8：00~8：59 的数据存在 Shard2 上，如图 14-9 所示。每一个分片都会映射到底层存储引擎数据库，并且这些数据库都有自己的 WAL 文件和 TSM 文件，接下来介绍存储引擎的组成部分。

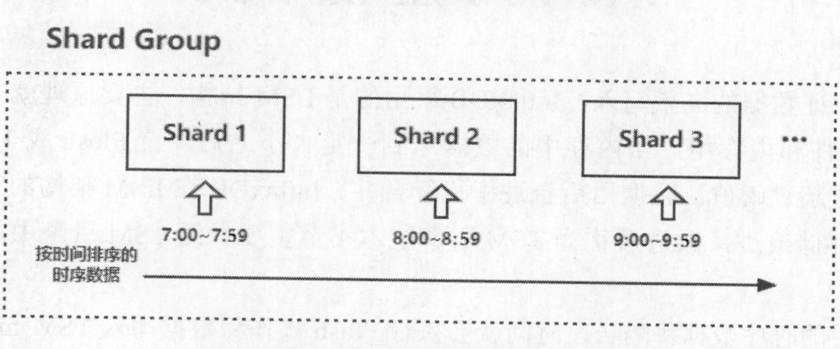

图 14-9　Shard 分片示意图

存储引擎将多个组件结合在一起，并提供用于存储和查询 series 数据的外部接口。它由许多组件组成，每个组件都起着特定的作用，这些组件包括：Cache、WAL、TSM file、compaction，下面先简单介绍一下各个组件。

- Cache（缓存表）。

相当于 LSM-Tree 中的 MemeTable，是内存中一个简单的 map 结构，在数据插入的时候，实际上是同时往 Cache 和 WAL 中插入，可以认为 Cache 是 WAL 文件中的数据在内存中的缓存。当 InfluxDB 启动时，会遍历所有的 WAL 文件，然后重新构造 Cache，这样做的目的是即使系统出现故障，也不会导致数据丢失。

但是 Cache 中的数据大小不是无限的，当一个 Cache 占用内存大小达到指定的阈值时，内存中的数据就会被写入 TSM 文件中，如果不配置 Cache 的大小，系统会默认设置上限为 25MB，每当达到上限时，会将当前的 Cache 进行一次快照，之后清空当前 Cache 中的内容，再创建一个新的 WAL 文件用于写入，剩下的 WAL 文件最后会被删除，快照中的数据会经过排序写入一个新的 TSM 文件中。

- WAL（日志文件）。

与 LSM-Tree 存储引擎的 WAL 文件同理，作用是持久化数据，防止数据丢失。插入数据时，同时向 WAL 和 Cache 进行写入。如果系统崩溃，可通过 WAL 文件重新恢复。

- TSM file（TSM 文件）。

用于存放数据。TSM file 使用了自己设计的格式，对查询性能以及压缩方面进行了很多优化，将会在下一小节进行详细介绍。

- Compactor（压缩器）。

后台持续运行的进程，每隔 1 秒钟检查一次是否有需要压缩合并的数据，主要进行两种操作：

（1）当 Cache 中的数据达到上限之后，进行快照，然后转存到新的 TSM file 中。

（2）合并当前的 TSM 文件，将多个小的 TSM 文件合并成一个，使每一个文件尽量达到单个文件的最大大小（默认为 25MB），减少文件的数量。

14.5 TSM file 详解

为了保证数据的高效写入，InfluxDB 采用的是 LSM 结构，主要原理就是数据先写入 WAL 文件和内存中，当内存中的数据达到一定大小之后，就 Flush 成 TSM 文件，当文件个数超过阈值，就调用后台进程执行合并。InfluxDB 在 LSM 架构的基础上做了针对性地存储改进，改进后称为 TSM 引擎。本小节主要介绍 TSM 引擎中的文件格式 TSM file。

内存中的时序数据每隔一段时间就会执行 Flush 操作将数据写入 TSM file 中，TSM file 文件主要有以下两个特点：

- 数据都是以 Block（文件数据块）为最小读取单元存储在文件中。
- 文件数据块都有相应的类 B+ 树索引，而且数据块和索引结构存储在同一个文件中。

TSM file 最核心的部分由 Series Data Section 以及 Series Index Section 组成，前者表示存储数据的 Block，后者用来存储文件级别 B+ 树索引 Block，主要用于快速查询数据块。TSM file 大致的文件结构如图 14-10 所示。

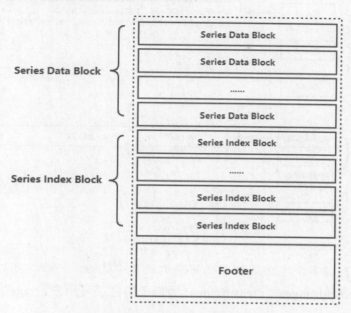

图 14-10　TSM 文件总体架构

14.5.1　SeriesKey（时间序列关键字）

在介绍 Series Data Section 和 Series Index Section 之前，需要理解 InfluxDB 中一个非常重要的概念——SeriesKey。SeriesKey 由 measurement+datasource(tags) 组成，例如在图 14-8 中，cpu-usage,host=server08,regon=us-west 就是一个 SeriesKey。当时序数据写入内存之后就是按照 SeriesKey 组织的，如图 14-11 所示。

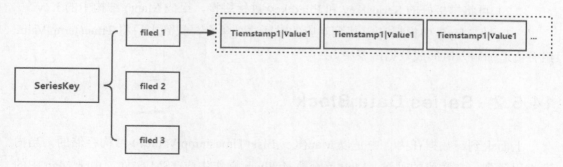

图 14-11　内存数据存储格式

大家可以把 Series 理解成一个数据源，只要这个数据源存在，就会持续地产生时序数据。以智能手环为例，一个手环有多个采集组件，包括心率采集、脉搏采集、人体温度等。Series 就相当于手环，这些采集组件就对应着 filed。而每个采集组件都在不断地

采集数据,例如心率采集器就在时刻记录用户心率信息。这些信息就对应着图 14-11 中的 Timestamp|Value,如图 14-12 所示。

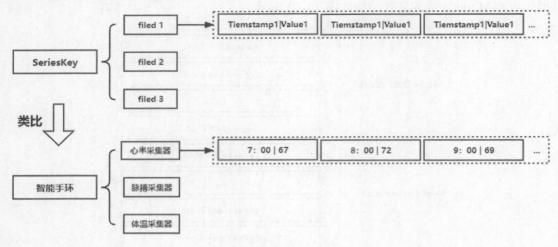

图 14-12　类比图

SeriesKey 有很多个,必须使用标签来刻画其中的唯一一个,所以 SerireSKey 被设计为 measurement+tages,measurement 类似于智能手环用户,tags 相当于智能手环型号。

理解了 SeriesKey 的概念之后,介绍一下时序数据是怎样写入存储在内存中的。前文说到,TSM 存储组件 Cache 是内存中的一个 Map() 结构,这个 Map() 就是用来存放时序数据的,Map() 的格式为:

Map(Key,List<Timestamp|value>)

其中,Key 代表 SeriesKey+FiledKey,List<> 用来存储时间线数据,每个 Key 对应着一个 List。基于这样的结构,可以把数据写入内存的流程分为三步:

(1)时序数据进入系统之后,根据 measurment+tags 拼接成 SeriesKey。

(2)再将拼接好的 SeriesKey 和 Filed key 进行拼接,组成 Map() 结构中的 Key。

(3)在 Map() 中根据 Key 找到对应的时间序列集合,找到之后将 Timestamp|Value 组合值追加写入时间线数据链表中。

14.5.2　Series Data Block

上面说到,数据在内存中是以 Map(Key,List<Timastamp|Value>) 结构存储的,当内存占用达到一定数值的时候,Map 就会执行 Flush 操作生成 TSM 文件。由于 Map 中的 Key 对应着一系列的时序数据,所以通常的 Flush 策略是在内存中将这系列时序数据构建成一个 Block 块,然后持久化到文件中。但是有一个问题,那就是 Key 对应的数据可能会非常庞大,这会导致构建的 Block 很大。解决方法是将同一个 Key 对应的数据

构建成多个小的 Block，也就是图 14-10 中的一个个 Block。

另外需要注意的是，Map 会按照 Key 顺序排列并执行 Flush。Series Data Block 文件结构如图 14-13 所示。

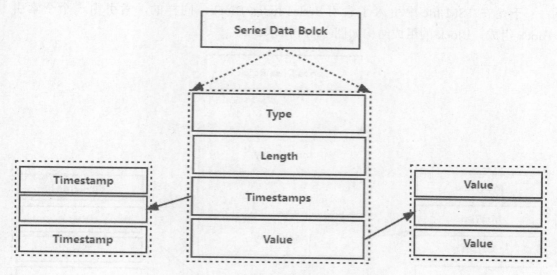

图 14-13 Series Data Block 文件结构

图 14-13 中可以看到，Series Data Block 文件结构主要由四部分组成。

- Type：数据类型，主要指的是 SeriesKey 对应的时间序列数据值的类型。通常为 Int、Long、Float、Double。
- Length：记录时间戳存储段的长度。用于读取 Timestamps 区域数据，解析 Block。需要说明的是，在一个 Block 内，时序数据的时间值和 filed 值是按照列式存储的，时间值存储在一起，filed 值存储在一起。这样的设计可以极大提高系统的压缩效率。
- Timestamp：时间值存储在一起的数据集。
- Values：filed 字段的值存储在一起形成的数据集。

通常来说，Timestamp 的值间隔都是比较固定的，因为在数据采集的时候都是通过每隔多少秒采集一次。这种具有固定间隔值的时序数据在进行压缩的时候非常高效。在 InfluxDB 中，针对时间值的压缩采用了 Geringei 系统中对时序时间的压缩算法：delta-delta 编码。针对 Value 值的压缩，会根据数据类型来进行，相同类型的数据值可以做到高效压缩。

14.5.3 Series Index Block

上面说到的 Series Data Block 是用来存储数据的，而 Series Index Block 就是做数据索引的。当用户要查找某个时间段内的数据，就需要通过 Key 来进行查询，通过 key

来找到对应时间段内的数据，如果没有引入索引，用户就需要将一整个 TSM 文件加载到内存中，然后一个 Block 一个 Block 中去查找，这样会导致效率低下，同时非常占用内存。

于是在 TSM file 中引入了索引 Series Index Block，同样的，索引由一个个索引 Block 组成，Block 的组成结构如图 14-14 所示。

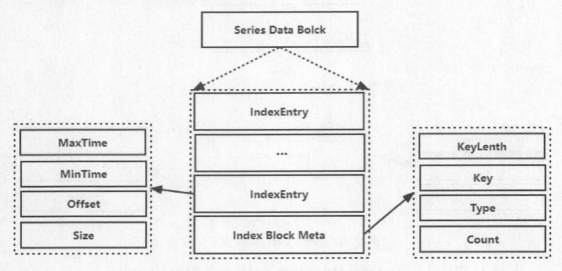

图 14-14 Series Index Block 文件结构

可以看到，Series Data Block 由一系列 IndexEntry（索引入口）和 Index Block Meta（索引块元数据）构成。

- IndexEntry：表示一个索引字段，会指向对应的 Series Data Block。在它的组成部分中，Offset 表示了该 Data Block 在文件中的偏移量。Size 表示指向的 Data Block 大小。MinTime 和 MaxTime 表示指向的 Data Block 中时序数据集合的最小时间以及最大时间。

- Index Block Meta：索引块元数据，表示每一个索引入口表示哪个 Key，有多少数据。在 Index Block Meta 中，最核心的就是 Key，Key 对应的时序数据就是这个索引 Block 内所有 IndexEntry 所索引的时序数据块。

下面以时序数据的大致读取过程为例，根据 Key(SeriesKey+filedKey) 查找某个范围的时序数据的过程如图 14-15 所示。

在 TSM 引擎启动时后，由于数据块太大，并不会直接加载到内存中，而是将 TSM 文件中的索引块加载到内存中。此时要查找到对应的数据要进行以下 3 步：

（1）根据 Key 找到对应的索引块 (Series Index Block)。

（2）找到 Series Index Block 之后再根据查找的时间范围，使用 [MinTime, MaxTime] 索引定位到可能的 Series Data Block 列表。

（3）找到目标数据块 (Series Index Block) 后，将其加载到内存中使用二分法查找到对应的数据。

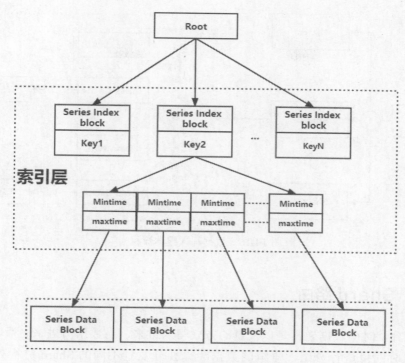

图 14-15　内存读取数据流程图

14.6　TSM 数据写入

在了解了 TSM file 的组成原理之后,接下来介绍数据是如何一步步写入 TSM 文件中的。

14.6.1　写入总体框架

数据可以通过 InfluxDB 提供的多种接口进行写入,为了做到大量写的需求,InfluxDB 的数据不同于 MySQl 这种关系数据库,数据一条一条地写,而是通过批量插入的方式写进来,在数据进入 InfluxDB 内部之后,会经过如图 14-16 所示的流程。

首先,当批量的时序数据写进来之后,InfluxDB 会按照时间值对这些数据分段,不同时间段的数据分发到不同的 Shard 中去。每个 Shard 都是处理用户请求的单机引擎,这些引擎有自己单独的存储组件。其次,这些数据会通过倒排索引引擎构建倒排索引,作用是用来实现 InfluxDB 的多维查询。当一段数据进入 Shard 后,它们首先会经过倒排索引引擎构建倒排索引。最后,TSM file 会持久化这些数据,将写入请求追加写入 WAL 日志,再写入 Cache,一旦满足特定条件会将 Cache 中的时序数据执行 Flush 操作落盘形成 TSM File。

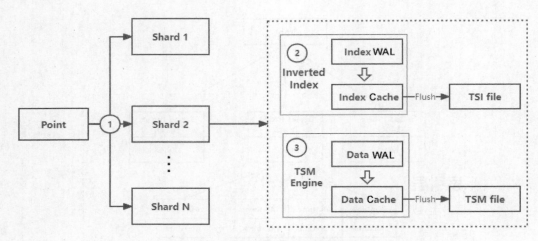

图 14-16　数据写入整体流程

14.6.2　Shard 路由

上面说到，时序数据通常是以批量的方式写入进来，当数据写进来之后，InfluxDB 会对其按照时间值进行分组，每组的数据会单独分发到不同的 Shard 进行处理，关于 Shard 的详细策略，读者可以参考本书的第 7 章。

在单机版本的 InfluxDB 中，每个表被分为多个 Shard，策略是按时间进行分片。例如保留策略指定的时间分片长度为 1 周，那么 1~7 天的数据存放在一个 Shard，7~14 天的数据存放在下一个 Shard。

14.6.3　倒排索引引擎构建倒排索引

上面说到倒排索引引擎的作用是实现多维查询，那么什么是多维查询呢？举一个例子，查看过去一个小时重庆北站（数据源）的进站人流量，这种查询就是典型的根据 Serieskey,filedKey（人流量）和时间范围进行查询，最后进行聚合。那如果要查询最近一天内重庆本地人在重庆所有高铁站的总的进站人流量，这里仅指定了两个维度（重庆人、重庆高铁站）和查询指标（人流量），这种查询就首先需要使用倒排索引根据 measurement 以及部分维度组合（重庆人、重庆高铁站）找到所有对应的站名，假如重庆有 3 个高铁站，就需要查找到这 3 个高铁站对应的 SeriesKey，再分别针对所有 SeriesKey 在最近一天这个时间范围查找进展人流量，最后做 sum 聚合。

接下来讲讲倒排索引引擎是如何创建的。首先要知道的是 InfluxDB 中的倒排索引引擎也是使用 LSM 引擎构建而成的，那既然是 LSM 引擎，它的工作机制应该是先将数据追加写入 WAL 和内存中，当内存超过阈值之后就 Flush 成文件，文件数量超过阈值又执行压缩，成为一个大文件。

在内存中构建 Inverted Index，主要有三个步骤：

首先将写入系统的时序数据的 measurement 和 tags 组合拼成 SeriesKey，然后确定该 Series 是否已构建过索引，如果已经存在，就不需要将其加载到内存中倒排索引，如果不存在该 SeriesKey 的索引，就需要加载到内存中进行倒排索引。倒排索引的主要内存结构包含两个 Map()：

Map(measurement, List<tagKey>)

Map(tagKey, <tagValue, List<SeriesKey>>)

第一个 Map() 表示 measurement 与对应维度集合的映射，即这个表中有多少维度列。

第二个 Map() 表示每个维度列都有哪些可枚举的值，以及这些值都对应哪些 SeriesKey。

可以这么说，SeriesKey 就是一把钥匙，只有拿到这把钥匙才能找到这个 SeriesKey 对应的数据。而倒排索引就是根据一些线索去找这把钥匙。

14.6.4 写入流程

时序数据的维度信息经过倒排索引引擎构建完成之后，就开始写入系统，由于数据写入引擎 TSM 基于 LSM，那么基本写入流程也是一样的。

分为三个步骤：

（1）WAL 文件追加写入。

此过程中，数据会先格式化为 WriteWALEntry 对象，然后经过 snappy 压缩后写入 WAL。WAL 文件格式如图 14-17 所示。

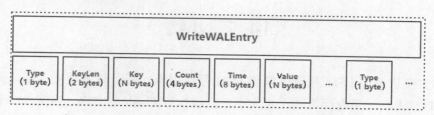

图 14-17 WAL 文件格式

Inverted Index WAL 的格式如下。

- Type (1 byte)：条目中 Value 的类型。
- KeyLen (2 bytes)：指定下面一个字段 Key 的长度。
- Key (N bytes)：key= measument + tags + fieldName。
- Count (4 bytes)：后面紧跟着的是同一个 Key 下数据的个数。
- Time (8 bytes)：单个 Value 的时间戳。
- Value (N bytes)：Value 的具体内容，其中 float64、int64、boolean 都是固定的字节数存储，比较简单，通过 Type 字段可以知道这里 Value 的字节数。

（2）数据写入内存。

首先将所有 Point 按时间线组织形成 Map(key,List) 结构，其中 key=SeriesKey+filedKey，

将相同 Key 的数据放在一个 List 中。然后将 Point 写入 Cache 部分，Cache 由 256 个 partition 构成，每个 partition 存储一部分 Key 对应的值。

（3）内存数据执行 Flsuh 操作。

当出现如下两种情况时，会触发 Flush 操作：

- Cache 大小超过一定阈值（默认大小是 25MB）。
- 超过一定时间没有向 WAL 文件写入数据（默认时间阈值为 10 分钟）。

Flush 操作流程如下：

①在内存中构建 Series Data Block：遍历内存 Map 中的数据，对这些数据的时间列和数值列进行相应的编码，按照 TSM file 中 Series Data Block 的格式进行组织，当 Block 大小超过一定数值的时候就完成构建。同时会记录该 Block 中时间列的最小时间 (MinTime) 以及最大时间 (MaxTime)。

②使用输出流将构建好的 Block 输出到 TSM 文件，并返回该 Block 在文件中的偏移量 Offset 以及总大小 Size。

③构建文件级别索引：在 Bolck 写入文件之后，会在内存中通过 Offset、Size 以及 MinTime、MaxTime 为其构建一个索引节点 Index Entry 用于查询。

本节主要介绍了数据是如何一步步写入磁盘中的：首先 InfluxDB 会对数据按时间分段，然后分发到不同的 Shard 中；其次对这些数据通过倒排索引引擎构建倒排索引；最后，TSM file 会持久化这些数据，将写入请求追加写入 WAL 日志，再写入 Cache，一旦满足特定条件会将 Cache 中的时序数据执行 Flush 操作落盘形成 TSM File。

14.7 小结

本章主要讲解了 LSM 存储引擎和 TSM 存储引擎，两个较为类似，都是先将数据写入 WAL 和内存，当内存达到一定大小之后就执行 Flush 成文件，当文件个数超过阈值就执行合并。本章也着重讲解了 TSM file 的格式，TSM file 主要由数据存储块和数据索引块构成。最后介绍了数据是怎么进行写入的。至此，大家应该对 InfluxDB 的存储引擎有了深入的理解。

到这里，InfluxDB 的学习就已经基本完成了。本书从 InfluxDB 的安装开始，一步步介绍其详细功能及原理，通过本书的学习，读者应该对以 InfluxDB 为代表的时序数据库有了一定的认识和理解，也希望读者能举一反三，在以后的开发过程中，合理使用 InfluxDB，让时序数据库在各行各业中散发强大的光芒！